Andreas Gräßer

Analyse und Simulation elektronischer Schaltungen

Andreas Gräßer

Analyse und Simulation elektronischer Schaltungen

Analysealgorithmen für lineare und nichtlineare Schaltungen

Mit 73 Abbildungen

Alle Rechte vorbehalten
© Friedr. Vieweg & Sohn Verlagsgesellschaft mbH, Braunschweig/Wiesbaden, 1995

Der Verlag Vieweg ist ein Unternehmen der Bertelsmann Fachinformation.

Umschlaggestaltung: Klaus Birk, Wiesbaden

Gedruckt auf säurefreiem Papier

ISBN 978-3-528-06690-1   ISBN 978-3-322-90181-1 (eBook)
DOI 10.1007/978-3-322-90181-1

Vorwort

Die Analyse elektronischer Schaltungen mit Hilfe von Simulationsprogrammen gewinnt in der Praxis des Schaltungsentwicklers zunehmend an Bedeutung. Kann man doch auf diesem Weg die Funktion von Schaltungen prüfen sowie Optimierungen vornehmen, ohne die Schaltung aufbauen zu müssen.

Selbstverständlich gibt es sehr viele Bücher zum Problemkreis Analyse und Simulation elektronischer Schaltungen. Diese Literatur läßt sich im wesentlichen in zwei Gruppen einteilen. Zum einen werden konkrete Simulationsprogramme hinsichtlich ihrer Anwendung, Leistungsfähigkeit und Handhabung beschrieben. Zum anderen existieren Bücher, die sich mit der Theorie der Schaltungssimulation befassen und dieses Problem auf einem sehr hohen Niveau der mathematischen Abstraktion behandeln.

Darstellungen, die den grundsätzlichen Aufbau von Simulationsprogrammen und Analysealgorithmen beschreiben und die sich an Studenten und Schaltungsentwickter ohne spezielle Vorkenntnisse wenden, sind dagegen recht selten anzutreffen.

Diese Lücke soll nun mit diesem Buch geschlossen werden, es wird der Versuch unternommen, die den handelsüblichen Simulationsprogrammen für elektronische Schaltungen zugrundeliegenden Prinzipien und Algorithmen kurz und übersichtlich zu beschreiben. Dabei sollen die Grundprinzipien im Vordergrund stehen, auf „Feinheiten", z.B. detaillierte Genauigkeits- und Konvergenzuntersuchungen, wird bewußt verzichtet. Letzteres kann der umfangreichen Spezialliteratur nach Durcharbeitung dieses Buches leicht entnommen werden.

Gemäß den Zielsetzungen ist das Buch als Einstiegs- und Übersichtswerk für Studenten der einschlägigen Fachrichtungen geeignet. Das Buch richtet sich aber auch an Schaltungsentwickler, die sich bei ihrer Arbeit kommerzieller Simulationsprogramme bedienen und ein tieferes Verständnis für deren Funktion suchen.

Ich möchte mich an dieser Stelle noch ganz herzlich bei meiner Frau Hannelore und meinen Kindern Julia und Jan bedanken, die viel Geduld bei der Anfertigung dieses Buches aufbringen mußten. Bei meinen Eltern Ursula und Helmut Gräßer möchte ich mich ebenfalls herzlich bedanken, sie haben sehr zur Entstehung dieses Buches beigetragen. Letzteres gilt auch für Dorothea Gräßer, der ich hiermit ebenfalls meinen Dank aussprechen will.

Seeheim, Mai 1995   *Andreas Gräßer*

Inhaltsverzeichnis

1 Einleitung

Im Titel des vorliegenden Buches tauchen die Begriffe „Analyse" und „Simulation" auf. Zunächst eine kurze Erläuterung dieser Begriffe.

Unter *Analyse* versteht man die Untersuchung, Zerlegung oder Berechnung eines Systems. Die Analyse technischer Systeme spielt in der Ingenieur-Ausbildung eine große Rolle. Über die Analyse sollen Erkenntnisse vermittelt werden, die eine Systemoptimierung oder Systementwicklung ermöglichen. Speziell in der Elektrotechnik existieren viele Verfahren zur Schaltungsanalyse bzw. Schaltungsberechnung, die weitgehend algorithmierbar sind und somit vom Computer durchgeführt werden können.

Unter *Simulation* versteht man die modellhafte Nachbildung von Prozessen oder Systemen. Wenn man speziell die Elektrotechnik ins Auge faßt, versteht man unter Simulation meist die Anwendung eines Simulationsprogramms für elektronische Schaltungen. Mit Hilfe eines solchen Programms können Schaltungen in den Computer eingegeben und analysiert werden. D.h. der Rechner ermittelt und löst die Schaltungsgleichungen. Die Ergebnisse werden dann in Form von Zahlenwerten oder Diagrammen ausgegeben.

In der Elektrotechnik sind, wie bereits erwähnt, leicht algorithmierbare Verfahren zur Schaltungsberechnung bekannt. Entsprechend existieren auch sehr leistungsfähige Simulationsprogramme für elektronische Schaltungen wie beispielsweise SPICE, PSpice (die PC-Version von SPICE) oder Micro-Cap. Viele Leser haben sicherlich schon von solchen Programmen gehört oder sogar schon mit ihnen gearbeitet. Leistungsfähige Demoversionen der erwähnten Programme sind kostenlos oder recht preiswert erhältlich. Auch Vollversionen sind bereits erschwinglich und auf PC's lauffähig. Mit Hilfe dieser Programme können Schaltungen ganz bequem, ohne daß reale Bauelemente erforderlich sind und ohne Benützung eines Lötkolbens, am Computer „aufgebaut", getestet und untersucht werden. Der Programmbenützer kann Transientenanalysen durchführen, Frequenzgänge ermitteln usw.

Mit diesem Buch soll nun der Versuch unternommen werden, die hinter solchen Programmen „versteckten" Algorithmen bzw. Analyse- und Rechenverfahren möglichst einfach und verständlich darzustellen. Das Buch soll eine Einführung sein und es soll den Leser nicht durch einen zu großen Umfang abschrecken. Es werden Schaltungen betrachtet, die Widerstände, Spulen, Kondensatoren, Dioden, Operationsverstärker, Transistoren, Strom- und Spannungsquellen enthalten dürfen.

Da das Buch, wie erwähnt, eine Einführung sein soll, möchte der Autor die grundsätzliche Funktionsweise der beschriebenen Verfahren in den Vordergrund stellen, unter Verzicht auf detaillierte Genauigkeits- und Konvergenzuntersuchungen. Aus dem gleichen Grund werden auch für die komplexeren Bauelemente – Operationsverstärker und Transistor – nur sehr einfache, aber dafür leicht verständliche Modelle angeführt.

Beim Leser dieses Buches werden die Kenntnisse in Elektrotechnik, Elektronik, Mathematik und Informatik vorausgesetzt, die ein Elektrotechnik-Student an Hoch- oder Fachhochschulen etwa bis zum Vordiplom erwerben muß.

Dem Leser, der das vorliegende Buch durchgearbeitet hat, dürfte das Studium weiterführender Literatur leicht fallen. Er kann dort beispielsweise nachlesen, wie zusätzliche, hier nicht berücksichtigte Bauelemente in die beschriebenen Verfahren integriert werden können oder wie realistischere Transistor-Modelle aussehen. Vielleicht hat der Leser auch Spaß am Programmieren, dann kann er evtl. kleine Programme zur Schaltungsberechnung selbst erstellen. Hilfreich dürfte dabei sein, daß jeder Hauptabschnitt mit einer Zusammenfassung, die in Form eines Struktogramms gestaltet ist, abschließt. Damit soll der Übergang vom Verständnis einer grundsätzlichen Vorgehensweise bei der Schaltungsanalyse zur programmtechnischen Realisierung erleichtert werden. Auf entsprechende Programmlistings wurde in diesem Buch aber bewußt verzichtet. Letztere wären nur mit einer ausführlichen Dokumentation sinnvoll, damit wäre aber der Rahmen dieses Buches gesprengt.

Die meisten Leser werden es aber vorziehen, mit einem professionellen Simulationsprogramm, z.B. PSpice, zu arbeiten. Aber auch dann wird der Leser vom erworbenen Hintergrundwissen stark profitieren. Zunächst wird er die im Rahmen solcher Programme verwendeten Fachausdrücke verstehen. Darüberhinaus wird er die Art und Weise der Programmbedienung besser nachvollziehen können. Er wird beispielsweise bei der Eingabe von Parametern wissen, worum es geht und entsprechend sinnvolle Vorgaben machen. Ferner wird er die Simulationsergebnisse kritischer betrachten, er kennt ja die Unzulänglichkeiten der verwendeten numerischen Verfahren und er weiß auch, daß die eingesetzten Bauelemente-Modelle niemals perfekt sind.

2 Eingabe der Schaltung in den Computer

Bevor eine Schaltung mit Hilfe des Rechners analysiert werden kann, müssen die Bauelemente und die zwischen ihnen bestehenden Verbindungen in den Rechner eingegeben weden. Die Schaltungseingabe geschieht meist über ein mehr oder weniger komfortables Zeichenprogramm (Schaltungseditor). Rechnerintern liegt die Schaltung dann in Form einer Liste vor, in der alle Schaltungsdaten enthalten sind. Dazu gehören geometrische Daten (Positionen der Schaltungssymbole auf dem Bildschirm, Leitungsführung zwischen den Symbolen usw.) und elektrische Daten (Widerstandswerte, Kennwerte von Transistoren usw.).

Aus dieser Liste wird vor Beginn einer Schaltungsanalyse eine neue Liste, die sogenannte *Verbindungsliste*, erstellt. Diese Liste enthält nur noch die für die Analyse relevanten Informationen, d.h. alle Bauelemente mit ihren elektrischen Daten und die Verbindungsstruktur. Die Erstellung der Verbindungsliste beginnt mit der Nummerierung der Schaltungsknoten. Anschließend werden alle Bauelemente mit den entsprechenden Bauelementedaten sowie den Nummern der Schaltungsknoten, an denen sie angeschlossen sind, aufgelistet. Bild 2-1 und Tabelle 2-1 zeigen zur Verdeutlichung die Schaltung eines Filters mit nummerierten Knoten und die entsprechende Verbindungsliste.

Man erkennt anhand des Bildes 2-1 und der Tabelle 2-1, daß allen Bauelementen Kennzeichen zugeordnet werden müssen. Zusätzlich muß eine Vereinbarung über die Bedeutung der Bauelementeanschlüsse getroffen werden. Beispielsweise könnte vereinbart werden, daß der Bauelementeanschluß 1 einer Wechselspannungsquelle immer dem Bezugspfeilende entspricht oder daß der Bauelementeanschluß 2 eines Transistors immer mit dem Basisanschluß korrespondiert. Eine ähnliche Zuordnung muß auch für die Kennwerte der Bauelemente getroffen werden. Kennwert 1 einer Wechselspannungsquelle könnte beispielsweise den Effektivwert der Leerlaufspannung betreffen usw.

Wenn in einer Schaltung komplexere Bauelemente, z.B. Operationsverstärker oder Transistoren enthalten sind, werden in der Verbindungsliste evtl. entsprechende Ersatzschaltbilder aus elementareren Bauelementen – *Bauelementemodelle* – eingefügt. Beispiele für Bauelementemodelle finden sich in den Abschnitten 7 und 8. Falls derartige Bauelemente über Typenbezeichnungen eingegeben werden und *Bauelementebibliotheken* im Rechner gespeichert sind, werden die entsprechenden Ersatzschaltbilder mit typenabhängigen Parametern automatisch aus der Bibliothek entnommen und in die Verbindungsliste integriert.

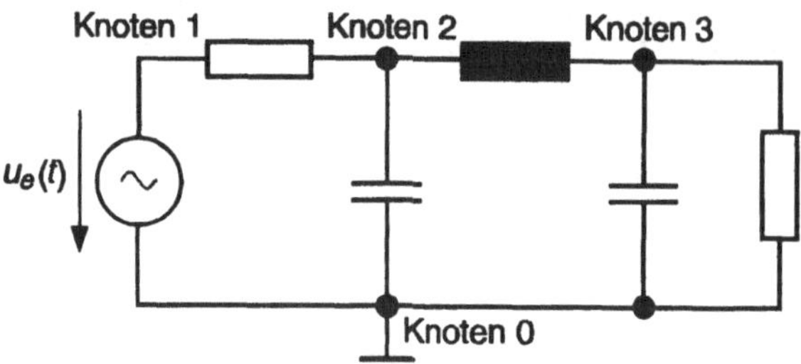

Bild 2-1 Schaltung eines Filters mit nummerierten Schaltungsknoten

Tabelle 2-1 Verbindungsliste für das in Bild 2-1 dargestellte Filter

Lfd. Nr.	Bauelemente-Kennzeichen	Verbindungen		---	Bauelementekennwerte			---
		Bauelemente-anschluß 1 am Knoten	Bauelemente-anschluß 2 am Knoten		Kennwert 1	Kennwert 2	Kennwert 3	
1	WQ (Wechsel-spannungs-quelle)	1	0	---	Effektivwert der Leerlauf-spannung in Volt	Innenwider-stand in Ohm	Frequenz in Hertz	---
2	R (Widerstand)	1	2	---	Wert in Ohm	---	---	---
3	C (Kondensator)	2	0	---	Wert in Farad	---	---	---
4	L (Spule)	2	3	---	Wert in Henry	---	---	---
5	C (Kondensator)	3	0	---	Wert in Farad	---	---	---
6	R (Widerstand)	3	0	---	Wert in Ohm	---	---	---

3 Analyse linearer Schaltungen, bestehend aus Widerständen, Strom- und Spannungsquellen – gleichförmige Erregung –

3.1 Einführung

In diesem Abschnitt sollen Schaltungen untersucht werden, die folgende Bauelemente enthalten dürfen:

- Widerstände bzw. Leitwerte

- Gleichstromquellen

- Gleichspannungsquellen mit Innenwiderständen

Die Widerstände bzw. Leitwerte werden als ideal vorausgesetzt. Kennzeichen eines idealen Widerstandes bzw. Leitwertes ist ein linearer Zusammenhang zwischen Spannung am Bauelement und Strom durch das Bauelement oder, anders ausgedrückt, die Gültigkeit des Ohmschen Gesetzes:

$$u_R = R\, i_R \qquad R = \text{Widerstand} = \text{konstant}$$

bzw.

$$i_R = G\, u_R \qquad G = \text{Leitwert} = \text{konstant}$$

Bei unseren Betrachtungen werden ferner nur reale Spannungsquellen zugelassen, d.h. Spannungsquellen die einen Innenwiderstand aufweisen.

Die Analyse einer elektronischen Schaltung bedingt die Aufstellung eines schaltungsbeschreibenden Gleichungssystems. Falls einfache, nur aus Widerständen und Quellen bestehende Schaltungen vorliegen, kann das schaltungsbeschreibende Gleichungssystem mit Hilfe des *Knotenpotentialverfahrens* aufgestellt werden. Dieses Verfahren ist leicht zu programmieren, es ist deshalb Bestandteil nahezu aller Analyse- bzw. Simulationsprogramme. Das Knotenpotentialverfahren wird in den folgenden Abschnitten ausführlich beschrieben.

Ein mit Hilfe des Knotenpotentialverfahrens aufgestelltes lineares Gleichungssystem kann mit dem *Gauß-Algorithmus* gelöst werden. Dieser Algorithmus ist ebenfalls Bestandteil nahezu aller Analyse- bzw. Simulationsprogramme, auch er wird deshalb in den folgenden Ausführungen behandelt.

Im vorliegenden Abschnitt wollen wir uns auf recht einfache Schaltungen beschränken. In den späteren Abschnitten wird aber gezeigt, daß auch Schaltungen mit Spulen, Kondensatoren, Dioden usw. auf reine Widerstands-Stromquellen-Schaltungen zurückgeführt werden können. Die in diesem Abschnitt behandelten Methoden, die ja zunächst scheinbar nur für sehr einfache Schaltungen einsetzbar sind, gewinnen dadurch an Bedeutung. Sie werden in den späteren Abschnitten immer wieder aufgegriffen.

3.2 Aufstellung des Gleichungssystems mit dem Knotenpotentialverfahren

In der Einführung zum Abschnitt 3 wurde bereits erwähnt, daß das Knotenpotentialverfahren bei der rechnergestützten Analyse von Widerstandsschaltungen eine große Rolle spielt. Mit Hilfe dieses Verfahrens kann ein Gleichungssystem für alle *Knotenspannungen* der Schaltung erstellt werden.

Zunächst eine Klärung des Begriffs Knotenspannung: Jede Schaltungsstruktur besteht aus Knoten und Zweigen. Einem dieser Knoten kann ein Bezugspotential, z.B. 0 Volt, zugeordnet weden. Dieser Knoten wird als *Bezugsknoten* oder Masse bezeichnet. Unter den Knotenspannungen versteht man nun alle Spannungen zwischen den übrigen Schaltungsknoten und dem Bezugsknoten.

Das Knotenpotentialverfahren ergibt nur ein Gleichungssystem für die Knotenspannungen. Die Berechnung der anderen Systemgrößen kann aber mit Hilfe der Knotenspannungen sehr leicht erfolgen. Die Zweigspannungen ergeben sich einfach durch Differenzbildungen von Knotenspannungen. Aus den Zweigspannungen können mittels des Ohmschen Gesetzes sofort alle Zweigströme berechnet werden.

Selbstverständlich könnte auch ein Gleichungssystem für alle Zweigspannungen und/oder alle Zweigströme einer Schaltung erstellt werden. Eine Schaltung besitzt aber mehr Zweige als Knoten, der Leser kann in den folgenden Beispielen nachzählen. Es würden sich somit größere Gleichungssysteme ergeben, die Lösung wäre entsprechend zeitaufwendiger.

Das Knotenpotentialverfahren wird nun anhand eines Beispiels erläutert. Zunächst sollen die Gleichungen für die Knotenspannungen „klassisch" mit Hilfe der Kirchhoffschen Regeln und des Ohmschen Gesetzes ermittelt werden. Aus der Interpretation des Ergebnisses ergeben sich dann interessante Möglichkeiten für eine Formalisierung der Vorgehensweise.

Beispiel: Schaltung aus Leitwerten und Gleichstromquellen

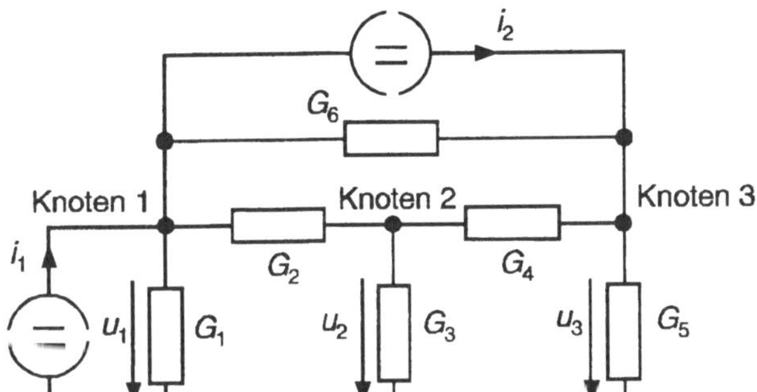

In der Schaltung sind zur Vorbereitung des Knotenpotentialverfahrens bereits alle Knoten durchnummeriert. Der als Bezugsknoten definierte Knoten trägt in obiger und allen folgenden Schaltungen die Nummer 0.

In obiger Schaltung und in vielen folgenden Schaltungen werden statt der Widerstände die Leitwerte eingetragen. Bei der Anwendung des Knotenpotentialverfahrens ist die „Leitwertschreibweise" günstiger.

Gegeben: Alle Quellenströme i_1, i_2, alle Leitwerte $G_1, ..., G_6$

Gesucht: Gleichungssystem für die Knotenspannungen u_1, u_2 und u_3

Lösung

Zunächst werden mittels der Kirchhoffschen Maschenregel alle Zweigspannungen durch Differenzen aus Knotenspannungen dargestellt. Dann können mittels des Ohmschen Gesetzes alle Zweigströme bestimmt werden. Anschließend wird die Kirchhoffsche Knotenregel auf die Knoten 1, 2 und 3 angewendet:

$$\text{Knoten 1:} \quad 0 = i_1 - i_2 - G_6(u_1 - u_3) - G_2(u_1 - u_2) - G_1 u_1$$
$$\text{Knoten 2:} \quad 0 = G_2(u_1 - u_2) - G_4(u_2 - u_3) - G_3 u_2$$
$$\text{Knoten 3:} \quad 0 = i_2 + G_6(u_1 - u_3) + G_4(u_2 - u_3) - G_5 u_3$$

Nun werden die Klammern ausmultipliziert, anschließend wird „umsortiert". D.h. wir ordnen die Quellenströme links, die restlichen Terme rechts vom Gleichheitszeichen an. Die rechts vom Gleichheitszeichen stehenden Terme werden noch etwas zusammengefaßt, so daß man schließlich das folgende Gleichungssystem erhält:

Knoten 1: $i_1 - i_2 = (G_1 + G_2 + G_6)u_1 + (\quad -G_2 \quad)u_2 + (\quad -G_6 \quad)u_3$

Knoten 2: $0 \quad = (\quad -G_2 \quad)u_1 + (G_2 + G_3 + G_4)u_2 + (\quad -G_4 \quad)u_3$

Knoten 3: $i_2 \quad = (\quad -G_6 \quad)u_1 + (\quad -G_4 \quad)u_2 + (G_4 + G_5 + G_6)u_3$

In vereinfachter Matrizenschreibweise sieht das obige Gleichungssystem folgendermaßen aus:

$$
\begin{array}{c} \text{Knoten 1:} \\ \text{Knoten 2:} \\ \text{Knoten 3:} \end{array}
\begin{bmatrix} i_1 - i_2 \\ 0 \\ i_2 \end{bmatrix}
=
\begin{bmatrix} G_1 + G_2 + G_6 & -G_2 & -G_6 \\ -G_2 & G_2 + G_3 + G_4 & -G_4 \\ -G_6 & -G_4 & G_4 + G_5 + G_6 \end{bmatrix}
\cdot
\begin{bmatrix} u_1 \\ u_2 \\ u_3 \end{bmatrix}
\qquad (3.2\text{-}1)
$$

Das Gleichungssystem kann auch in einer etwas verallgemeinerten Form dargestellt werden:

$$
\begin{array}{c} \text{Knoten 1:} \\ \text{Knoten 2:} \\ \text{Knoten 3:} \end{array}
\begin{bmatrix} i_{Q1} \\ i_{Q2} \\ i_{Q3} \end{bmatrix}
=
\begin{bmatrix} a_{1,1} & a_{1,2} & a_{1,3} \\ a_{2,1} & a_{2,2} & a_{2,3} \\ a_{3,1} & a_{3,2} & a_{3,3} \end{bmatrix}
\cdot
\begin{bmatrix} u_1 \\ u_2 \\ u_3 \end{bmatrix}
\qquad (3.2\text{-}2)
$$

Stromspalte   Koeffizietenmatrix   Spannungs-

i_{Qk} $a_{z,s} = a_{zeile,spalte}$ spalte

u_k

Der Leser, der die Aufstellung des Gleichungssystems für die Knotenspannungen nachvollzogen hat, wird feststellen, daß es etwas Zeit kostet. Aber die Verfahrensweise kann abgekürzt werden. Wenn man das Gleichungssystem (3.2-1) bzw. (3.2-2) und die Beispielsschaltung vergleicht, erkennt man, daß die Ströme i_{Q1}, i_{Q2}, i_{Q3} und die Koeffizienten $a_{1,1}, \ldots, a_{3,3}$ sofort bestimmt werden können, wenn die im folgenden aufgelisteten Bildungsgesetze beachtet werden.

Berechnen der Ströme i_{Qk}

i_{Qk} = Summe der Quellenströme am Knoten k

Die zum Knoten k fließenden Ströme werden dabei positiv, die vom Knoten k wegfließenden Ströme negativ gewertet.

Beispiel: $i_{Q1} = i_1 - i_2 =$ Summe der Quellenströme am Knoten 1

Berechnen der Diagonalkoeffizienten $a_{z,s} = a_{k,k}$ ($z = s = k$)

$a_{k,k}$ = Summe der Leitwerte am Knoten k

Beispiel: $a_{2,2} = G_2 + G_3 + G_4 =$ Summe der Leitwerte am Knoten 2

Berechnen der Nicht-Diagonalkoeffizienten $a_{z,s}$ ($z \neq s$)

$a_{z,s}$ = –(Summe der Leitwerte zwischen Knoten z und Knoten s)

Beispiel

$a_{2,3} = -G_4 = -$ (Summe der Leitwerte zwischen Knoten 2 und Knoten 3)

Diese Bildungsgesetze können verallgemeinert und auf beliebige Widerstands-Stromquellen-Schaltungen angewendet werden.

Der Leser erkennt sicherlich auch sofort, daß die eben erläuterte Methode zur Bestimmung der Stromspalten-Ströme und der Koeffizienten recht einfach in einen computergerechten Algorithmus umgesetzt werden kann. Voraussetzung ist allerdings, daß die in Betracht gezogene Schaltung intern im Computer in Form einer Verbindungsliste (vgl. Abschnitt 2) vorliegt. Anhand dieser Liste sind die Knoten und die an den Knoten angebundenen Leitwerte und Quellen leicht zu erkennen, so daß die Bestimmung der Ströme und Koeffizienten recht einfach wird.

Das eben behandelte Beispiel enthält keine Spannungsquellen. Wenn ideale Spannungsquellen, ohne Innenwiderstände, in der Schaltung enthalten sind, versagt das Knotenpotentialverfahren. Zur Verdeutlichung wieder ein Beispiel.

Beispiel
Schaltung aus Leitwerten, Gleichstromquelle und idealer Gleichspannungsquelle

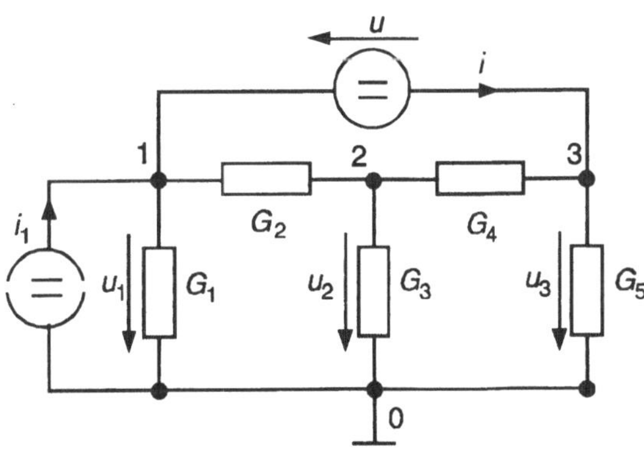

Gegeben: i_1, u, G_1, ... , G_5

Gesucht: Gleichungssystem für die Knotenspannungen u_1, u_2, u_3

Lösungsversuch

Mit Hilfe der oben erläuterten Bildungsgesetze kann das Gleichungssystem sofort angegeben werden:

$$\begin{bmatrix} i_1 - i \\ 0 \\ i \end{bmatrix} = \begin{bmatrix} G_1 + G_2 & -G_2 & 0 \\ -G_2 & G_2 + G_3 + G_4 & -G_4 \\ 0 & -G_4 & G_4 + G_5 \end{bmatrix} \cdot \begin{bmatrix} u_1 \\ u_2 \\ u_3 \end{bmatrix}$$

Das Gleichungssystem besteht in diesem Fall allerdings aus 3 Gleichungen mit vier Unbekannten (i, u_1, u_2, u_3) und ist somit nicht lösbar!

Dieser „Schönheitsfehler" des Knotenpotentialverfahrens ist aber unproblematisch. In der Realität haben ja alle Spannungsquellen einen, wenn auch noch so kleinen, Innenwiderstand. Spannungsquellen mit Innenwiderständen können aber recht einfach in äquivalente Stromquellen umgewandelt werden, vgl. Bild 3.2-1. Wenn diese Umwandlung vorausgeschickt wird, kann das Knotenpotentialverfahren wieder wie beschrieben durchgeführt werden.

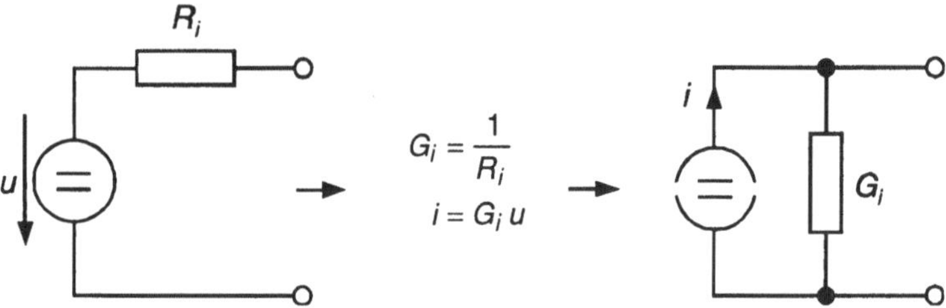

Bild 3.2-1 Umwandlung einer Spannungsquelle in eine äquivalente Stromquelle

Im nächsten Abschnitt wird das Knotenpotentialverfahren noch einmal zusammenfassend dargestellt, allerdings in einer Form, die bereits eine gewisse Vorstellung von einem entsprechenden Rechenprogramm vermitteln soll.

3.3 Zusammenfassung

Allgemeines

Mit Hilfe des Knotenpotentialverfahrens können Gleichungssysteme für die Knotenspannungen von Schaltungen erstellt werden.

Es werden Schaltungen vorausgesetzt, die aus Widerständen, Strom- und Spannungsquellen bestehen. Die Spannungsquellen müssen Innenwiderstände aufweisen.

Vorbereitung des Knotenpotentialverfahrens

- Schaltung in den Rechner eingeben, Verbindungsliste erzeugen.

- Evtl. in der Schaltung vorhandene Spannungsquellen in äquivalente Stromquellen wandeln, alle Widerstandswerte in Leitwerte umrechnen, Verbindungsliste entsprechend ändern.

- Bezugsknoten in der Schaltung wählen (0), restliche Schaltungsknoten fortlaufend nummerieren (1, 2,..., k,..., $k$max), Verbindungsliste entsprechend ändern.

- Datenfelder für die zu berechnenden Ströme und Koeffizienten (Stromspalte und Koeffizientenmatrix) reservieren:

$$
\begin{array}{c}
\text{Knoten 1} \\
\vdots \\
\text{Knoten } k \\
\vdots \\
\text{Knoten } k\text{max}
\end{array}
\begin{bmatrix}
i_{Q1} = ? \\
\vdots \\
i_{Qk} = ? \\
\vdots \\
i_{Qk\,\text{max}} = ?
\end{bmatrix}
\begin{bmatrix}
a_{1,1} = ? & \cdots & a_{1,k\,\text{max}} = ? \\
\vdots & a_{z,s} = ? & \vdots \\
a_{k\,\text{max},1} = ? & \cdots & a_{k\,\text{max},k\,\text{max}} = ?
\end{bmatrix}
$$

$$
\begin{array}{cc}
\text{Stromspalte} & \text{Koeffizientenmatrix} \\
i_{Qk} & a_{z,s} = a_{zeile,spalte}
\end{array}
$$

Durchführung des Knotenpotentialverfahrens

Ausfüllen der Stromspalte:

<table>
<tr><td>

Für $k := 1, 2, ..., k$max wiederholen

<table>
<tr><td>

Aus der Verbindungsliste die Stromquellen heraussuchen, die am Knoten k hängen

i_{Qk} bilden:
$i_{Qk} :=$ Summe der Quellenströme am Knoten k
Quellenströme die zum Knoten k fließen positiv werten, Quellenströme die vom Knoten k wegfließen negativ werten

i_{Qk} in Stromspalte eintragen

</td></tr>
</table>

</td></tr>
</table>

Ausfüllen der Koeffizientenmatrix-Diagonalkoeffizienten:

<table>
<tr><td>

Für $k := 1, 2, ..., k$max wiederholen

<table>
<tr><td>

Aus der Verbindungsliste alle Leitwerte heraussuchen, die am Knoten k hängen

$a_{k,k}$ bilden:

$a_{k,k} :=$ Summe der Leitwerte am Knoten k

$a_{k,k}$ in Koeffizientenmatrix eintragen

</td></tr>
</table>

</td></tr>
</table>

Ausfüllen der Koeffizientenmatrix-Nicht-Diagonalkoeffizienten:

<table>
<tr><td>

Für $z := 1, 2, ..., k$max wiederholen

<table>
<tr><td>

Für $s := 1, 2, ..., k$max wiederholen

<table>
<tr><td>

Wenn $z \neq s$ gilt:

Aus der Verbindungsliste alle Leitwerte heraussuchen, die zwischen den Knoten z und s hängen

$a_{z,s}$ bilden:

$a_{z,s} := -$ (Summe der Leitwerte zwischen Knoten z und Knoten s)

$a_{z,s}$ in Koeffizientenmatrix eintragen

</td></tr>
</table>

</td></tr>
</table>

</td></tr>
</table>

Erläuterungen zu den Struktogrammen

Die Darstellung des Knotenpotentialverfahrens erfolgte in Anlehnung an die übliche Darstellung von Programmabläufen in Form von Struktogrammen. Diese Darstellungsform wird beim Leser als bekannt vorausgesetzt.

Die Darstellung erfolgte darüberhinaus in Anlehnung an typische höhere Programmiersprachen, z.B. Pascal. Beim Leser werden entsprechende Grundkenntnisse vorausgesetzt.

Beispielsweise wird das von verschiedenen Programmiersprachen her bekannte Wertzuweisungszeichen : = verwendet. Es bedeutet bekanntlich, daß der Ausdruck auf der rechten Seite des Zeichens ausgewertet wird und daß das Ergebnis in der Variablen abgespeichert wird, deren Name auf der linken Seite des Zeichens steht.

Dem Leser ist sicherlich auch die im Struktogramm für das Knotenpotentialverfahren mehrfach verwendete „Wiederholungsanweisung" bekannt:

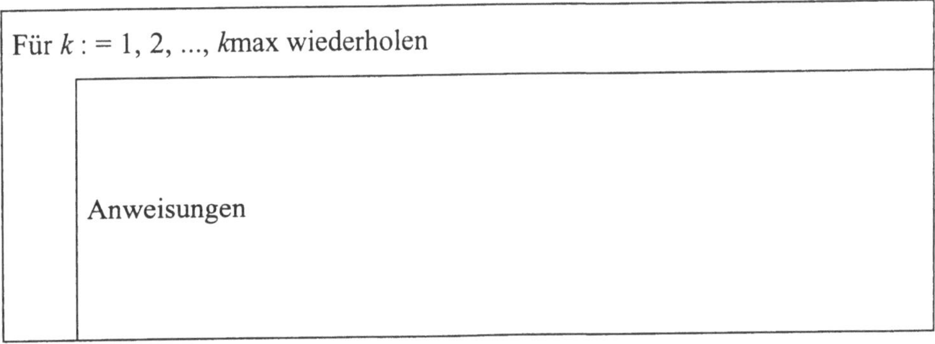

Zur Erinnerung: Damit ist gemeint, daß die Anweisungen nacheinander für $k : = 1$, $k : = 2, \ldots, k : = $ kmax durchlaufen werden müssen. Es handelt sich dabei um eine Wiederholungsanweisung mit vorausgehender Bedingungsprüfung. D.h. vor den abzuarbeitenden Anweisungen wird geprüft, ob die Anweisungen zu wiederholen bzw. überhaupt ein erstes Mal durchzuführen sind.

Ähnliche Struktogramme wie für das Knotenpotentialverfahren werden auch in den folgenden Abschnitten verwendet. Dort werden auch Wiederholungsanweisungen mit nachfolgender Bedingungsprüfung eingesetzt. Bei diesen Wiederholungsanweisungen werden zuerst die abzuarbeitenden Anweisungen durchlaufen, dann erst wird geprüft, ob eine Wiederholung stattfinden soll. Die entsprechenden Struktogramme sehen folgendermaßen aus:

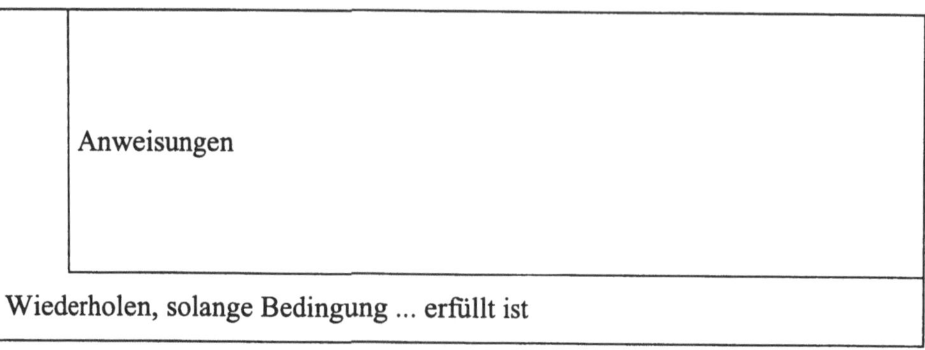

3.4 Lösung des Gleichungssystems mit dem Gauß-Algorithmus

In den vorigen Abschnitten wurde gezeigt, wie man mit Hilfe des Knotenpotentialverfahrens Gleichungssysteme für Schaltungen aus Widerständen, Strom- und Spannungsquellen aufstellen kann. Die Lösung solcher linearer Gleichungssysteme kann mit Hilfe des Gauß-Algorithmus erfolgen. Dieser Algorithmus ist, ähnlich wie das Knotenpotentialverfahren, recht einfach zu programmieren und wird deshalb in den meisten Analyse- und Simulationsprogrammen verwendet.

Dem Leser dieses Buches ist der Gauß-Algorithmus sicherlich schon mehr oder weniger bekannt. Trotzdem soll er, seiner großen Bedeutung wegen, an dieser Stelle noch einmal wiederholt werden.

Der Gauß-Algorithmus ist ein Eliminationsverfahren, bei dem die Unbekannten der Reihe nach eliminiert werden, bis nur noch eine Gleichung mit einer Unbekannten übrigbleibt. Nach der Lösung dieser Gleichung werden die weiteren Unbekannten der Reihe nach durch Rückeinsetzen berechnet.

Die einzelnen Eliminations- und Rückeinsetzschritte sollen anhand eines speziellen, aber leicht zu verallgemeinernden Beispiels dargestellt werden.

Beispiel: 3 Gleichungen mit 3 unbekannten Knotenspannungen

$$\begin{bmatrix} i_{Q1} \\ i_{Q2} \\ i_{Q3} \end{bmatrix} = \begin{bmatrix} a_{1,1} & a_{1,2} & a_{1,3} \\ a_{2,1} & a_{2,2} & a_{2,3} \\ a_{3,1} & a_{3,2} & a_{3,3} \end{bmatrix} \cdot \begin{bmatrix} u_1 \\ u_2 \\ u_3 \end{bmatrix}$$

Gegeben: Alle Ströme und alle Koeffizienten $a_{1,1}, \dots, a_{3,3}$

Gesucht: Die Knotenspannungen u_1, u_2, u_3

Lösung

Bei der Lösung wird vorausgesetzt, daß die Ströme und Koeffizienten mit dem Knotenpotentialverfahren gemäß Abschnitt 3.2 bzw. 3.3 berechnet worden sind und somit „geordnet" in Datenfeldern vorliegen. Es wird ferner vorausgesetzt, daß ein Datenfeld (Spannungsspalte) für die zu berechnenden Knotenspannungen vorgesehen ist.

$$
\begin{array}{l}
\text{Zeile 1 bzw. Knoten 1} \\
\text{Zeile 2 bzw. Knoten 2} \\
\text{Zeile 3 bzw. Knoten 3}
\end{array}
\begin{bmatrix} i_{Q1} \\ i_{Q2} \\ i_{Q3} \end{bmatrix}
\begin{bmatrix} a_{1,1} & a_{1,2} & a_{1,3} \\ a_{2,1} & a_{2,2} & a_{2,3} \\ a_{3,1} & a_{3,2} & a_{3,3} \end{bmatrix}
\begin{bmatrix} u_1 = ? \\ u_2 = ? \\ u_3 = ? \end{bmatrix}
$$

Stromspalte   Koeffizientenmatrix   Spannungsspalte

Die Lösung untergliedert sich in zwei Eliminations- und drei Rückeinsetzschritte.

Eliminationsschritt 1

Mit Hilfe der im folgenden dargestellten „Zeilensubtraktion" wird erreicht, daß die Koeffizienten $a_{2,1}$ und $a_{3,1}$ in der Koeffizientenmatrix verschwinden. Damit hat man ein neues, nur aus zwei Gleichungen mit zwei Unbekannten (u_1, u_2) bestehendes Gleichungssystem gewonnen.

$$
\begin{bmatrix} i_{Q1} \\ i_{Q2} \\ i_{Q3} \end{bmatrix}
\begin{bmatrix} a_{1,1} & a_{1,2} & a_{1,3} \\ a_{2,1} & a_{2,2} & a_{2,3} \\ a_{3,1} & a_{3,2} & a_{3,3} \end{bmatrix}
\begin{bmatrix} u_1 = ? \\ u_2 = ? \\ u_3 = ? \end{bmatrix}
\quad
\begin{array}{l}
\text{Zeile 2} - \text{Zeile 1} \cdot \left(a_{2,1} / a_{1,1} \right) \\
\text{Zeile 3} - \text{Zeile 1} \cdot \left(a_{3,1} / a_{1,1} \right)
\end{array}
$$

$$
\begin{bmatrix} i_{Q1} \\ i'_{Q2} \\ i'_{Q3} \end{bmatrix}
\begin{bmatrix} a_{1,1} & a_{1,2} & a_{1,3} \\ 0 & a'_{2,2} & a'_{2,3} \\ 0 & a'_{3,2} & a'_{3,3} \end{bmatrix}
\begin{bmatrix} u_1 = ? \\ u_2 = ? \\ u_3 = ? \end{bmatrix}
$$

Die in der Stromspalte und in der Koeffizientenmatrix durch Striche gekennzeichneten neuen Ströme und Koeffizienten berechnen sich über die „Zeilensubtraktion" im einzelnen folgendermaßen:

$$i'_{Q2}= i_{Q2} - i_{Q1}\frac{a_{2,1}}{a_{1,1}}, \quad a'_{2,2}= a_{2,2} - a_{1,2}\frac{a_{2,1}}{a_{1,1}}, \quad a'_{2,3}= a_{2,3} - a_{1,3}\frac{a_{2,1}}{a_{1,1}}$$

$$i'_{Q3}= i_{Q3} - i_{Q1}\frac{a_{3,1}}{a_{1,1}}, \quad a'_{3,2}= a_{3,2} - a_{1,2}\frac{a_{3,1}}{a_{1,1}}, \quad a'_{3,3}= a_{3,3} - a_{1,3}\frac{a_{3,1}}{a_{1,1}}$$

Eliminationsschritt 2

Mit Hilfe einer weiteren „Zeilensubtraktion" wird erreicht, daß der Koeffizient $a'_{3,2}$ verschwindet. Damit hat man eine neue Gleichung mit nur einer Unbekannten (u_3) gewonnen.

$$\begin{bmatrix} i_{Q1} \\ i'_{Q2} \\ i'_{Q3} \end{bmatrix} \begin{bmatrix} a_{1,1} & a_{1,2} & a_{1,3} \\ 0 & a'_{2,2} & a'_{2,3} \\ 0 & a'_{3,2} & a'_{3,3} \end{bmatrix} \begin{bmatrix} u_1 = ? \\ u_2 = ? \\ u_3 = ? \end{bmatrix} \quad \text{Zeile 3} - \text{Zeile 2} \cdot \left(a'_{3,2}/ a'_{2,2} \right)$$

$$\begin{bmatrix} i_{Q1} \\ i'_{Q2} \\ i''_{Q3} \end{bmatrix} \begin{bmatrix} a_{1,1} & a_{1,2} & a_{1,3} \\ 0 & a'_{2,2} & a'_{2,3} \\ 0 & 0 & a''_{3,3} \end{bmatrix} \begin{bmatrix} u_1 = ? \\ u_2 = ? \\ u_3 = ? \end{bmatrix}$$

Für die in der Stromspalte und in der Koeffizientenmatrix durch zwei Striche gekennzeichneten Größen i''_{Q3} und $a''_{3,3}$ gelten gemäß der „Zeilensubtraktion" folgende Beziehungen:

$$i''_{Q3}= i'_{Q3} - i'_{Q2}\frac{a'_{3,2}}{a'_{2,2}}, \quad a''_{3,3}= a'_{3,3} - a'_{2,3}\frac{a'_{3,2}}{a'_{2,2}}$$

Nach Durchführung des zweiten Eliminationsschrittes liegt ein sogenanntes *gestaffeltes Gleichungssystem* vor, es hat folgende Form:

$$i_{Q1} = a_{1,1}\, u_1 \quad + \quad a_{1,2}\, u_2 \quad + \quad a_{1,3}\, u_3 \qquad\qquad (3.4\text{-}1)$$

$$i'_{Q2} = \qquad\qquad\quad a'_{2,2}\, u_2 \quad + \quad a'_{2,3}\, u_3 \qquad\qquad (3.4\text{-}2)$$

$$i''_{Q3} = \qquad\qquad\qquad\qquad\qquad\quad a''_{3,3}\, u_3 \qquad\qquad (3.4\text{-}3)$$

Aus diesem Gleichungssystem können die gesuchten Knotenspannungen u_1, u_2, u_3 nun recht einfach über drei Rückeinsetzschritte berechnet werden:

Rückeinsetzschritt 1

Aus Gleichung (3.4-3) des gestaffelten Gleichungssystems kann sofort die Spannung u_3 berechnet werden:

$$u_3 = \frac{i''_{Q3}}{a''_{3,3}}$$

Rückeinsetzschritt 2

Mit Hilfe der bereits ermittelten Spannung u_3 kann nun aus Gleichung (3.4-2) des gestaffelten Gleichungssystems die Spannung u_2 berechnet werden:

$$u_2 = \frac{i'_{Q2} - a'_{2,3} u_3}{a'_{2,2}}$$

Rückeinsetzschritt 3

Mit Hilfe der in den beiden ersten Rückeinsetzschritten ermittelten Spannungen u_1 und u_2 kann schließlich aus der Gleichung (3.4-1) die letzte noch unbekannte Spannung u_1 berechnet werden:

$$u_1 = \frac{i_{Q1} - a_{1,2} u_2 - a_{1,3} u_3}{a_{1,1}}$$

Damit sind alle Knotenspannungen ermittelt, sie können abgespeichert werden. Die für den Gauß-Algorithmus reservierten Datenfelder sehen nach Beendigung des Verfahrens folgendermaßen aus:

$$
\begin{bmatrix} i_{Q1} \\ i'_{Q2} \\ i''_{Q3} \end{bmatrix}
\quad
\begin{bmatrix} a_{1,1} & a_{1,2} & a_{1,3} \\ 0 & a'_{2,2} & a'_{2,3} \\ 0 & 0 & a''_{3,3} \end{bmatrix}
\quad
\begin{bmatrix} u_1 \\ u_2 \\ u_3 \end{bmatrix}
$$

Stromspalte   Koeffizientenmatrix   Spannungs-
spalte

Im vorgeführten Beispiel wurde ein Gleichungssystem aus drei Gleichungen in Betracht gezogen. Das entspricht einer Schaltung mit drei Knoten. Die Berechnung der Knotenspannungen erforderte zwei Eliminations- und drei Rückeinsetzschritte. Bei einer Schaltung mit $k$max Knoten wären entsprechend ($k$max-1) Eliminations- und $k$max Rückeinsetzschritte notwendig.

Bei der Bildung der „neuen" Ströme und Koeffizienten in den einzelnen Eliminationsschritten des Gauß-Algorithmus werden Divisionen durch $a_{1,1}$, $a'_{2,2}$, ... durchgeführt. Diese Koeffizienten dürfen deshalb nicht Null sein, entsprechende

Prüfungen müssen vorgenommen werden. Falls die am Anfang jedes Eliminationsschrittes durchzuführende Prüfung zeigt, daß der entsprechende Koeffizient Null ist, muß das Verfahren aber nicht unbedingt abgebrochen werden. Durch geschicktes Zeilen- und/oder Spaltentauschen im Gleichungssystem bzw. in den entsprechenden Datenfeldern können bessere Verhältnisse erzwungen werden.

Zur Verdeutlichung ein Beispiel. Im folgenden Gleichungssystem gilt zunächst $a_{1,1} = 0$. Für den ersten Eliminationsschritt muß deshalb ein Zeilen- oder Spaltentausch vorgenommen werden:

$$\begin{bmatrix} 1 \\ 3 \\ 4 \end{bmatrix} = \begin{bmatrix} 0 & 2 & 3 \\ 4 & 6 & 7 \\ 7 & 8 & 3 \end{bmatrix} \cdot \begin{bmatrix} u_1 \\ u_2 \\ u_3 \end{bmatrix} \qquad \begin{array}{c} \text{Zeile 1 und Zeile 2 tauschen} \\ \rightarrow \\ \text{Man könnte auch} \\ \text{Zeile 1 und Zeile 3 tauschen} \end{array} \qquad \begin{bmatrix} 3 \\ 1 \\ 4 \end{bmatrix} = \begin{bmatrix} 4 & 6 & 7 \\ 0 & 2 & 3 \\ 7 & 8 & 3 \end{bmatrix} \cdot \begin{bmatrix} u_1 \\ u_2 \\ u_3 \end{bmatrix}$$

Damit ist das Problem gelöst, es gilt nun $a_{1,1} \neq 0$, der erste Eliminationsschritt kann wie gewohnt durchgeführt werden.

Selbstverständlich ist ein Zeilen- bzw. Spaltentausch nur mit aufsteigenden Zeilen bzw. Spalten möglich. Das heißt im k-ten Eliminationsschritt kann Zeile bzw. Spalte k nur mit Zeile bzw. Spalte $k+1$ oder Zeile bzw. Spalte $k+2$ usw. getauscht werden.

Bei der Programmierung des Gauß-Algorithmus wird häufig nur der Zeilentausch vorgesehen. Der Spaltentausch hat den Nachteil, daß sich dabei auch die Reihenfolge der Spannungen in der Spannungsspalte (dem Lösungsvektor) ändert.

Nun noch eine letzte Bemerkung. Im Beispiel zum Gauß-Algorithmus wurden die in den einzelnen Eliminationsschritten neu gebildeten Ströme und Koeffizienten durch Striche gekennzeichnet. Bei der im nächsten Abschnitt folgenden verallgemeinerten Beschreibung des Gauß-Algorithmus in Form eines Struktogramms wird von dieser Schreibweise abgewichen. Stattdessen wird die (in Richtung einer programmtechnischen Realisierung zielende) Schreibweise mittels des Wertzuweisungszeichens : = verwendet (vgl. auch Abschnitt 3.3). D.h. es wird beispielsweise statt

$$a'_{33} = a_{3,3} - a_{1,3} \left(a_{3,1} / a_{1,1} \right)$$

die Schreibweise

$$a_{33} := a_{3,3} - a_{1,3} \left(a_{3,1} / a_{1,1} \right)$$

verwendet.

3.5 Zusammenfassung

Allgemeines

Mit Hilfe des Gauß-Algorithmus können lineare Gleichungssysteme gelöst werden.

Voraussetzungen für den Gauß-Algorithmus

- Es wird vorausgesetzt, daß dem Gauß-Algorithmus das Knotenpotentialverfahren gemäß Abschnitt 3.2 bzw. 3.3 vorausgegangen ist und daß die damit spezifizierten Ströme und Koeffizienten geordnet in entsprechenden Datenfeldern vorliegen.

- Es wird ferner vorausgesetzt, daß ein weiteres Datenfeld für die zu berechnenden Knotenspannungen zur Verfügung steht (Spannungsspalte).

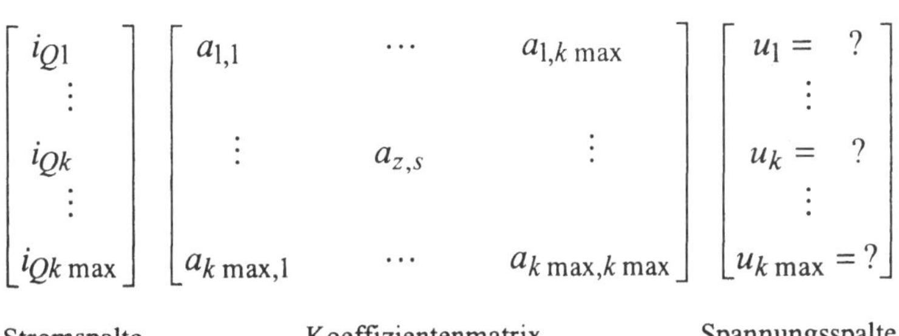

$$\begin{bmatrix} i_{Q1} \\ \vdots \\ i_{Qk} \\ \vdots \\ i_{Qk\,\text{max}} \end{bmatrix} \begin{bmatrix} a_{1,1} & \cdots & a_{1,k\,\text{max}} \\ \vdots & a_{z,s} & \vdots \\ a_{k\,\text{max},1} & \cdots & a_{k\,\text{max},k\,\text{max}} \end{bmatrix} \begin{bmatrix} u_1 = \ ? \\ \vdots \\ u_k = \ ? \\ \vdots \\ u_{k\,\text{max}} = ? \end{bmatrix}$$

Stromspalte   Koeffizientenmatrix   Spannungsspalte

i_{Qk} $a_{z,s} = a_{zeile,spalte}$ u_k

Durchführung des Gauß-Algorithmus

Eliminationsschritte 1, ..., $k$max-1:

<table>
<tr><td>

Für $k := 1, 2, ..., k$max-1 wiederholen

<table>
<tr><td>

Wenn $a_{k,k} = 0$ gilt:

   Zeilentausch durchführen, bis $a_{k,k} \neq 0$ erreicht wird

</td></tr>
<tr><td>

Für $z := k+1, k+2, ..., k$max wiederholen

<table>
<tr><td>

$i_{Qz} := i_{Qz} - i_{Qk} * (a_{z,k} / a_{k,k})$

i_{Qz} in Stromspalte eintragen

</td></tr>
<tr><td>

Für $s := k+1, k+2, ..., k$max wiederholen

<table>
<tr><td>

$a_{z,s} := a_{z,s} - a_{k,s} * (a_{z,k} / a_{k,k})$

$a_{z,s}$ in Koeffizientenmatrix eintragen

</td></tr>
</table>

</td></tr>
</table>

</td></tr>
</table>

</td></tr>
</table>

Rückeinsetzschritt 1:

<table>
<tr><td>

$u_{k\,\text{max}} := i_{Qk\,\text{max}} / a_{k\,\text{max},k\,\text{max}}$

$u_{k\,\text{max}}$ in Spannungsspalte eintragen

</td></tr>
</table>

Rückeinsetzschritte 2, ..., $k$max:

<table>
<tr><td>

Für $k := k$max-1, $k$max-2, ..., 1 wiederholen

<table>
<tr><td>

summe $:= 0$

</td></tr>
<tr><td>

Für p $:= 1, 2, ..., k$max-k wiederholen

<table>
<tr><td>

summe $:=$ summe $+ a_{k,(k+p)} * u_{(k+p)}$

</td></tr>
</table>

</td></tr>
<tr><td>

$u_k := (i_{Qk} - \text{summe}) / a_{k,k}$

u_k in Spannungsspalte eintragen

</td></tr>
</table>

</td></tr>
</table>

Berechnung weiterer Systemgrößen

Mit Hilfe des auf dem Knotenpotentialverfahren aufbauenden Gauß-Algorithmus werden ursprünglich nur die Knotenspannungen der in Betracht gezogenen Schaltung berechnet. Alle anderen Spannungen können aber leicht über eine Differenzbildung zweier Knotenspannungen bestimmt werden. Die Berechnung eines Stromes durch einen Leitwert ist ebenfalls einfach. Zunächst wird die am Leitwert liegende Spannung berechnet, anschließend wird der Strom durch den Leitwert mit Hilfe des Ohmschen Gesetzes ermittelt.

3.6 Ergänzungen

Im Abschnitt 3 wurde das Knotenpotentialverfahren ausschließlich auf Schaltungen angewendet, die keine gesteuerten Quellen enthalten. In Abschnitt 7 und 8 wird gezeigt, daß das Knotenpotentialverfahren sehr leicht zu erweitern ist und damit auch für Schaltungen mit gesteuerten Quellen anwendbar wird.

Das Knotenpotentialverfahren und der Gauß-Algorithmus sind leicht programmierbar. Die Rechenzeit bei Anwendung dieser Verfahren ist hauptsächlich von der Anzahl der Knoten in der Schaltungsstruktur abhängig. Die Rechenzeit kann verkürzt werden, wenn bestimmte Eigenschaften der Kocffizientenmatrix berücksichtigt werden. Der Leser hat sicherlich schon bemerkt, daß die Koeffizientenmatrix im Beispiel zum Knotenpotentialverfahren, Abschnitt 3.2, symmetrisch zur Hauptdiagonale aufgebaut ist. Es gilt: $a_{1,2} = a_{2,1}$, $a_{1,3} = a_{3,1}$ und $a_{2,3} = a_{3,2}$. Diese Symmetrie ist immer gegeben, wenn eine Schaltung keine gesteuerten Quellen enthält und kann dann für eine beschleunigte Rechnung ausgenützt werden. Häufig sind auch viele Koeffizienten der Matrix Null. Für solche *schwach besetzten Matrizen* können ebenfalls besondere Rechenmethoden angewendet werden, die eine Rechenzeitverkürzung bewirken. Diese Methoden werden in der angegebenen Literatur, z.B. [7], ausführlich beschrieben. Im vorliegenden Buch wird auf die Behandlung solcher Detailprobleme verzichtet. Die grundsätzliche Verfahrensweise bei der rechnergestützten Schaltungsanalyse soll im Vordergrund stehen.

In Abschnitt 3.4 bzw. 3.5 wurde darauf hingewiesen, daß im Rahmen des Gauß-Algorithmus Divisionen durch $a_{k,k}$ durchgeführt werden müssen und daß diese Koeffizienten nicht Null sein dürfen. Ansonsten muß ein Zeilen- und/oder Spaltentausch vorgenommen werden. Die Koeffizienten $a_{k,k}$ werden in der Literatur als *Pivotelemente* bezeichnet. Der Zeilen- bzw. Spaltentausch wird *Zeilen- bzw. Spaltenpivotisierung* genannt. Diese Ausdrücke sind vom englischen bzw. französischen Begriff Pivot, welcher soviel wie Dreh- oder Angelpunkt bedeutet, abgeleitet. Auf eine Darstellung der Strategien, die beim Zeilen- und/oder Spaltenpivotisieren angewendet werden könnten, soll in diesem Buch ebenfalls verzichtet werden. Die angegebene Literatur behandelt diese Problematik ausführlich. An dieser Stelle soll nur noch erwähnt werden, daß bei einem realen Programm für den Gauß-Algorithmus die Bedingung $a_{kk} \neq 0$ nicht ausreicht. Es muß genaugenommen vor jedem Eliminationsschritt geprüft werden, ob $|a_{k,k}| > \varepsilon$ gilt, wobei ε eine „kleine" Schranke darstellt, die in Abhängigkeit vom verfügbaren Zahlenbereich und der gewünschten Genauigkeit gewählt werden muß.

In Abschnitt 3 wurde unter anderem vorausgesetzt, daß die zu analysierenden Schaltungen nur Gleichstrom- bzw. Gleichspannungsquellen enthalten dürfen. Diese Voraussetzung ist nicht sehr zwingend. Falls eine zu analysierende Widerstandsschaltung nichtgleichförmige Quellen enthält, könnte man die Knotenspannungen sehr einfach für aufeinanderfolgende Zeitpunkte t_1, t_2, ... wie beschrieben berechnen und evtl. plotten. Dabei könnte auch ein verkürztes Rechenverfahren verwendet werden, da sich die Koeffizienten des Gleichungssystems ja nicht ändern. Nur die von den nichtgleichförmigen Quellen beeinflußten Ströme in der Stromspalte sind zeitabhängig.

4 Analyse linearer Schaltungen, bestehend aus Widerständen, Spulen, Kondensatoren, Strom- und Spannungsquellen
– beliebige Erregung, Transientenanalyse –

4.1 Einführung

In diesem Abschnitt sollen Schaltungen untersucht werden, die folgende Bauelemente enthalten dürfen:

- Widerstände bzw. Leitwerte

- Spulen

- Kondensatoren

- Stromquellen

- Spannungsquellen mit Innenwiderständen

Die Widerstände, Spulen, und Kondensatoren werden als ideal vorausgesetzt. Das bedeutet, daß die folgenden linearen Bauelementegleichungen gelten:

$$u_R = R\, i_R$$
bzw.
$$i_R = G\, u_R$$

R = Widerstand = konstant
G = Leitwert = konstant
(4.1-1)

$$u_L = L\frac{di_L}{dt}$$

L = Induktivität = konstant
(4.1-2)

$$i_C = C\frac{du_C}{dt}$$

C = Kapazität = konstant
(4.1-3)

Wie in Abschnitt 3 werden nur reale Spannungsquellen, die Innenwiderstände aufweisen, zugelassen. Für die zeitlichen Verläufe der die Schaltung erregenden Ströme bzw. Spannungen sind keine Einschränkungen vorgesehen.

Wenn Schaltungen Energiespeicher (L, C) enthalten und beispielsweise an gleichförmige-, sinusförmige- oder periodische Spannungen bzw. Ströme geschaltet werden, können nach dem Schaltvorgang gewisse Besonderheiten in der Schaltung auftreten. Diese Besonderheiten klingen im Laufe der Zeit ab. Man unterscheidet deshalb zwischen instationären Zuständen (Schaltvorgänge, Einschwingvorgänge) und stationären Zuständen. Wenn bei einer Schaltungsanalyse der instationäre Zustand mit berücksichtigt wird, spricht man auch von einer *Transientenanalyse.*

Im vorliegenden Abschnitt wird ein numerisches Verfahren, das *Euler-Verfahren*, behandelt. Mit Hilfe dieses Verfahrens können Transientenanalysen durchgeführt werden. Beim Euler-Verfahren werden die Energiespeicher durch Widerstands-Stromquellen-Parallelanordnungen ersetzt. Die dadurch entstehenden Schaltungen können dann wieder mit Hilfe der im vorigen Abschnitt behandelten Methoden – Knotenpotentialverfahren und Gauß-Algorithmus – analysiert werden.

Es soll noch daran erinnert werden, daß Schaltungen mit Energiespeichern auch mit Hilfe der komplexen Rechnung behandelt werden könnten, allerdings nur bei rein sinusförmiger Erregung und ausschließlicher Betrachtung des stationären Zustandes. Diese Einschränkungen verbieten die Anwendung der komplexen Rechnung für die in diesem Abschnitt zu behandelnden Probleme. Auf die komplexe Rechnung wird in Abschnitt 9 zurückgegriffen.

In der klassischen Elektrotechnik werden Transientenanalysen linearer Schaltungen häufig mit Hilfe der Laplace-Transformation durchgeführt. Diese Methode ist aber nicht so leicht programmierbar wie das numerische und damit besonders rechnergerechte Euler-Verfahren. Die Laplace-Transformation wird deshalb in der rechnergestützten Schaltungsanalyse nur für Sonderfälle eingesetzt.

4.2 Grundlagen des Euler-Verfahrens

Beim Euler-Verfahren werden die ursprünglich durch Differentialgleichungen beschriebenen Zusammenhänge zwischen Spannung und Strom an Spule und Kondensator einfach durch Differenzengleichungen angenähert. Diese Näherungsgleichungen können etwas umgeformt werden. Wenn man dann noch einige Abkürzungen einführt, gelangt man zu sehr einfachen Bauelementegleichungen für die Spule und den Kondensator. Diese Gleichungen können auch als Parallelschaltungen von Leitwerten und Stromquellen interpretiert werden.

Die eben angedeutete Vorgehensweise soll nun etwas detaillierter, zunächst für die Spule und anschließend für den Kondensator, erläutert werden.

Der exakte Zusammenhang zwischen Spannung und Strom an einer idealen Spule kann durch die bereits aufgeführte Gleichung (4.1-2) beschrieben werden:

$$u_L(t) = L\frac{di_L(t)}{dt}$$

Wenn die Zeit „diskretisiert" wird, d.h. wenn man nur diskrete, in festen Abständen aufeinanderfolgende Zeitpunkte t_1, t_2, ... , t_{n-1}, t_n, ... betrachtet, kann der Zusammenhang zwischen Spannung und Strom an der Spule für den Zeitpunkt t_n näherungsweise durch die folgende Differenzengleichung angegeben werden:

$$u_L(t_n) \approx L\frac{i_L(t_n) - i_L(t_{n-1})}{\Delta t}$$

Dabei wird $\Delta t = t_n - t_{n-1}$ als *Schrittweite* bezeichnet. Die Näherungsgleichung entspricht der exakten Gleichung um so mehr, je kleiner die Schrittweite Δt gewählt wird.

Wenn man die Abkürzung $G_L = \Delta t\,/\,L$ (G_L hat die Dimension eines Leitwertes) einführt, kann die obige Näherungsgleichung folgendermaßen geschrieben werden:

$$u_L(t_n) \approx \frac{L}{\Delta t}i_L(t_n) - \frac{L}{\Delta t}i_L(t_{n-1}) = \frac{1}{G_L}i_L(t_n) - \frac{1}{G_L}i_L(t_{n-1})$$

bzw.

$$i_L(t_n) \approx G_L u_L(t_n) + i_L(t_{n-1})$$

Aus der letzten Gleichung kann schließlich das in Bild 4.2-1 dargestellte Ersatzschaltbild der Spule für den Zeitpunkt t_n abgeleitet werden. Das Ersatzschaltbild gibt die durch die obige Gleichung beschriebene Aufteilung des Stromes $i_L(t_n)$ in die Teilströme $G_L u_L(t_n)$ und $i_L(t_{n-1})$ exakt wieder.

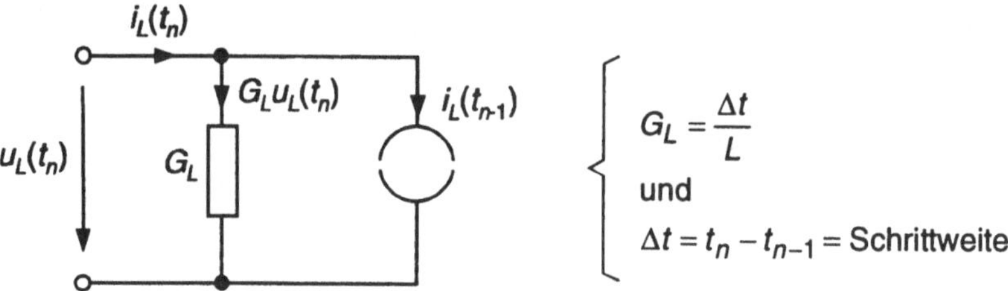

Bild 4.2-1 Ersatzschaltbild einer Spule nach dem Euler-Verfahren, gültig für den Zeitpunkt t_n

Die Ableitung eines ähnlichen Ersatzschaltbildes für den Kondensator erfolgt analog. Zunächst soll wieder an den exakten Zusammenhang zwischen Spannung und Strom am idealen Kondensator, vgl. Gleichung (4.1-3), erinnert werden:

$$i_C(t) = C \frac{\mathrm{d}u_C(t)}{\mathrm{d}t}$$

Aus dieser Gleichung ergibt sich mit der „Zeitdiskretisierung" eine Näherungsgleichung für den Zeitpunkt t_n, wobei $\Delta t = t_n - t_{n-1}$ wiederum die Schrittweite darstellt:

$$i_C(t_n) \approx C \frac{u_C(t_n) - u_C(t_{n-1})}{\Delta t}$$

Mit der Abkürzung $G_C = C/\Delta t$ (G_C hat die Dimension eines Leitwertes) kann nun geschrieben werden:

$$i_C(t_n) \approx \frac{C}{\Delta t} u_C(t_n) - \frac{C}{\Delta t} u_C(t_{n-1}) = G_C u_C(t_n) - G_C u_C(t_{n-1})$$

Aus der letzten Gleichung kann wieder ein Ersatzschaltbild, diesmal für den Kondensator, abgeleitet werden. Das Ersatzschaltbild ist in Bild 4.2-2 dargestellt.

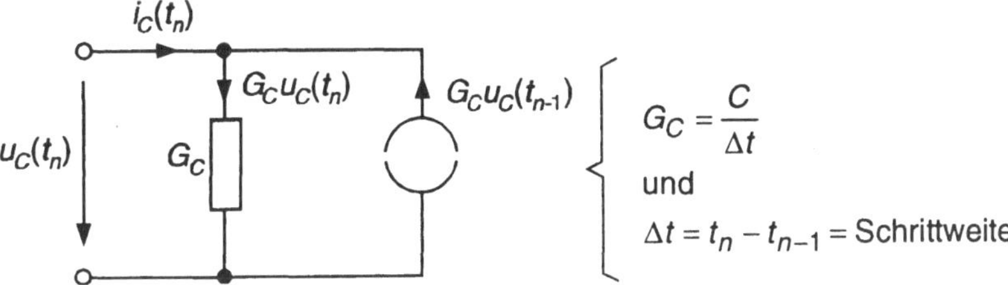

Bild 4.2-2 Ersatzschaltbild eines Kondensators nach dem Euler-Verfahren, gültig für den Zeitraum t_n

Mit Hilfe der in diesem Abschnitt entwickelten Ersatzschaltbilder für Spulen und Kondensatoren können offensichtlich alle Schaltungen, die neben erregenden Quellen und Leitwerten auch Energiespeicher enthalten, in reine Leitwert-Stromquellen-Schaltungen umgewandelt werden. Durch diesen Trick können also wieder die in Abschnitt 3 beschriebenen Analysemethoden herangezogen werden. Wie dabei im einzelnen vorgegangen werden muß, soll im nächsten Abschnitt geklärt werden.

4.3 Schaltungsanalyse mit dem Euler-Verfahren

Im vorigen Abschnitt wurden Leitwert-Stromquellen-Ersatzschaltbilder für Energiespeicher abgeleitet (Bilder 4.2-1 und 4.2-2).

Schaltungen, bei denen alle Spulen und Kondensatoren durch derartige Ersatzanordnungen ausgetauscht sind, können also offensichtlich wieder mit Hilfe des Knotenpotentialverfahrens und des Gauß-Algorithmus analysiert werden. Allerdings taucht in diesen Schaltungen neben der aktuellen Zeit t_n auch die „Vergangenheit" t_{n-1} auf. D.h. wenn für den Zeitpunkt t_n das Knotenpotentialverfahren und der Gauß-Algorithmus angewendet werden sollen, müssen alle Spulenströme und alle Kondensatorspannungen vom vorherigen Zeitpunkt t_{n-1} bekannt sein. Deshalb ist bei der Analyse derartiger Schaltungen ein schrittweises Vorgehen notwendig.

Das Schaltbild muß zunächst für den Zeitpunkt $t_1 = t_0 + 1 \cdot \Delta t$ spezifiziert werden. Dabei soll t_0 der Zeitpunkt des Beginns der Analyse, der Einschaltaugenblick, sein. Für diesen Augenblick müssen die *Anfangswerte*, d.h. alle Spulenströme und alle Kondensatorspannungen bekannt sein. Normalerweise geht man von ungeladenen Energiespeichern aus, d.h. man nimmt an, daß alle Spulenströme und alle Kondensatorspannungen im Einschaltaugenblick Null sind.

Mit den Anfangswerten kann das Ersatzschaltbid für den Zeitpunkt t_1 vollständig spezifiziert werden, so daß mit Hilfe des Knotenpotentialverfahrens und des Gauß-Algorithmus alle Knotenspannungen, die gesuchte Ausgangsgröße sowie alle Spulenströme und Kondensatorspannungen berechnet werden können. Die neu berechneten Spulenströme und Kondensatorspannungen (gültig für den Zeitpunkt t_1) müssen abgespeichert werden, sie werden im Folgeschritt als neue Anfangswerte benötigt.

Anschließend wird die Schaltung nacheinander für die Zeitpunkte $t_2 = t_0 + 2 \cdot \Delta t$, $t_3 = t_0 + 3 \cdot \Delta t$, ... berechnet. Die Vorgehensweise ist dabei immer genau wie im ersten Schritt. Zur Spezifizierung der jeweiligen Ersatzschaltbilder werden die im vorangegangenem Schritt berechneten Spulenströme und Kondensatorspannungen herangezogen. Nach einer vorgegebenen Anzahl von Schritten kann das Verfahren abgebrochen werden.

Die berechnete Ausgangsgröße liegt bei diesem Verfahren selbstverständlich nur für diskrete Zeitpunkte t_1, t_2, ... vor. Wenn diese Zeitpunkte aber genügend eng aufeinanderfolgen, d.h. wenn die Schrittweite Δt klein genug gewählt wird, ist eine quasikontinuierliche und genügend genaue Darstellung der gesuchten Größe möglich.

Anhand des folgenden Beispiels soll nun die Vorgehensweise bei der Schaltungsanalyse mit dem Euler-Verfahren detaillierter dargestellt werden.

Beispiel: Reihenschwingkreis

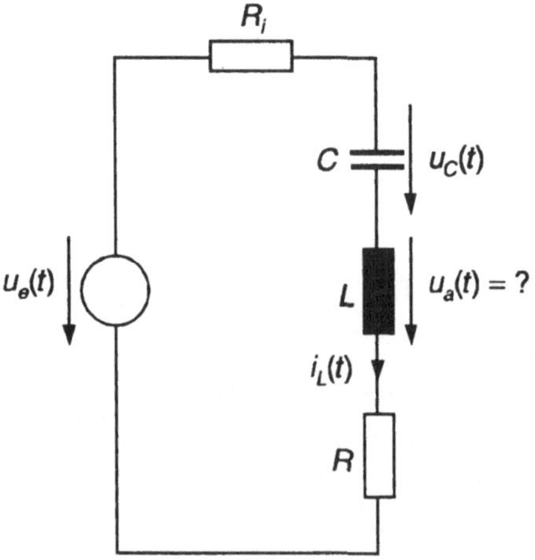

Gegeben: R_i, R, L, C

$u_e(t)$-Verlauf für $t_0 \le t \le t_{end}$, z.B. sägezahnförmige Spannung, die zum Zeitpunkt t_0 aufgeschaltet wird:

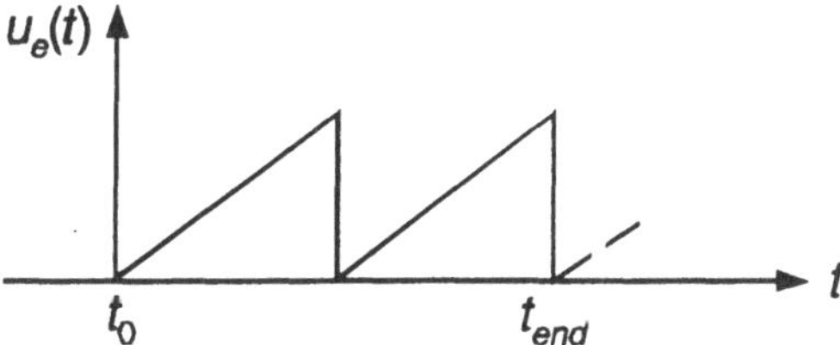

Anfangswerte $i_L(t_0)$, $u_C(t_0)$

Gesucht: $u_a(t)$ für $t_0 \le t \le t_{end}$

Vorbereitungsschritte für die Lösung

- Spannungsquelle mit Innenwiderstand durch äquivalente Stromquelle ersetzen, alle Widerstandswerte in Leitwerte umrechnen

    $(G_i = 1/R_i, \ G = 1/R)$

- Bezugsknoten in der Schaltung wählen (0), restliche Schaltungsknoten fortlaufend nummerieren

- Anfangswerte $i_L(t_0)$, $u_C(t_0)$ in eine *Anfangswertliste* eintragen

- Schrittweite Δt wählen (z.B. $\Delta t = t_{end}/1000$)

- Spule und Kondensator durch Ersatzschaltungen gemäß Bild 4.2-1 und Bild 4.2-2 ersetzen

    Spule L $\qquad \Rightarrow$ Leitwert $G_L = \Delta t/L$ // Stromquelle
    Kondensator C $\quad \Rightarrow$ Leitwert $G_C = C/\Delta t$ // Stromquelle
    (den Stromquellen sind zunächst noch keine Werte zugeordnet)

Lösungsschritt 1 ($t_1 = t_0 + 1 \cdot \Delta t$)

- $u_e(t_1)$ ermitteln (berechnen oder aus Wertetabelle entnehmen)

- Ersatzschaltbild für den Zeitpunkt t_1 spezifizieren

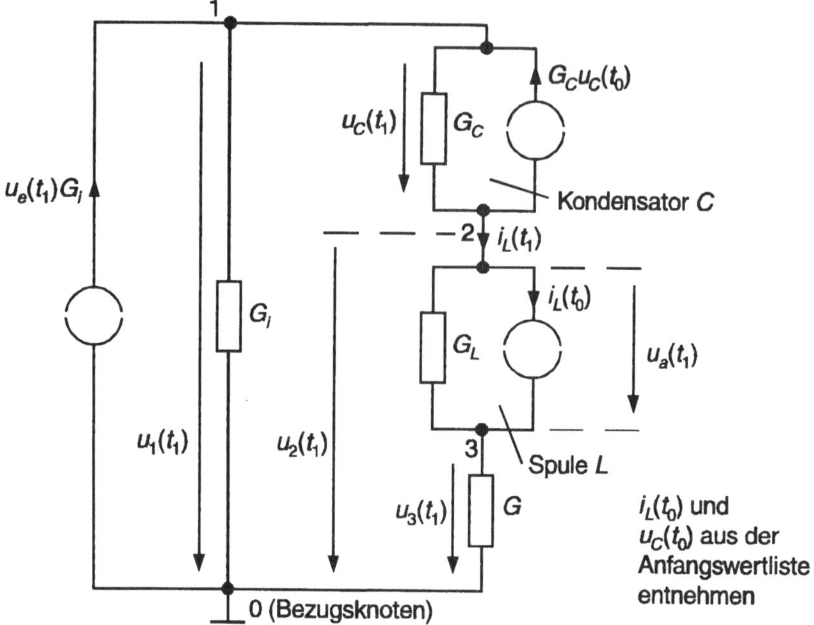

- Knotenspannungen $u_1(t_1)$, $u_2(t_1)$, $u_3(t_1)$ mit Hilfe des Knotenpotentialverfahrens und des Gauß-Algorithmus berechnen (vgl. Abschnitt 3)

- Gesuchte Größe berechnen und plotten

$$u_a(t_1) = u_2(t_1) - u_3(t_1)$$

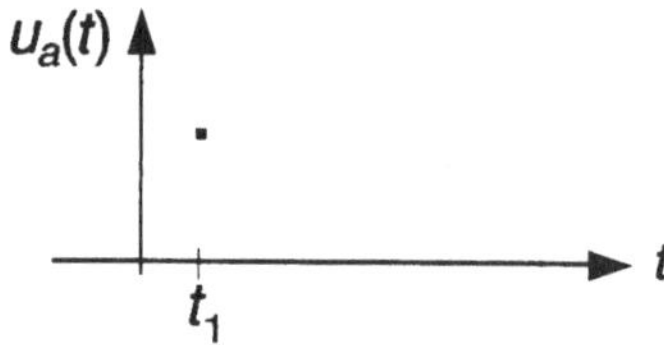

- Strom durch die Spule berechnen und in die Anfangswertliste eintragen (wird als neuer Anfangswert für den Lösungsschritt 2 benötigt)

$$i_L(t_1) = G_L (u_2(t_1) - u_3(t_1)) + i_L(t_0)$$

- Spannung am Kondensator berechnen und in die Anfangswertliste eintragen (wird als neuer Anfangswert für den Lösungsschritt 2 benötigt)

$$u_C(t_1) = u_1(t_1) - u_2(t_1)$$

Lösungsschritt 2   ($t_2 = t_0 + 2 \cdot \Delta t$)

-   $u_e(t_2)$ ermitteln (berechnen oder aus Wertetabelle entnehmen)

-   Ersatzschaltbild für den Zeitpunkt t_2 spezifizieren

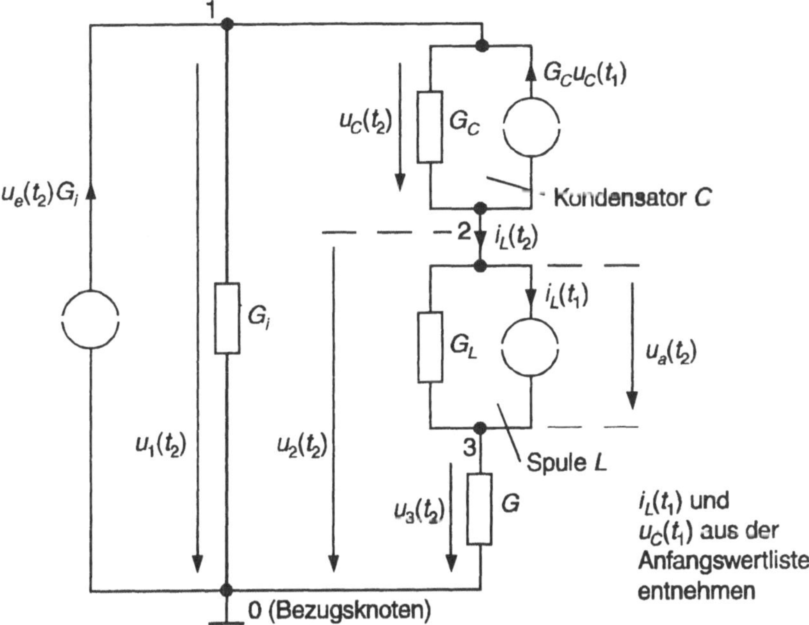

-   Knotenspannungen $u_1(t_2)$, $u_2(t_2)$, $u_3(t_2)$ mit Hilfe des Knotenpotentialverfahrens und des Gauß-Algorithmus berechnen (vgl. Abschnitt 3)

-   Gesuchte Größe berechnen und plotten

$$u_a(t_2) = u_2(t_2) - u_3(t_2)$$

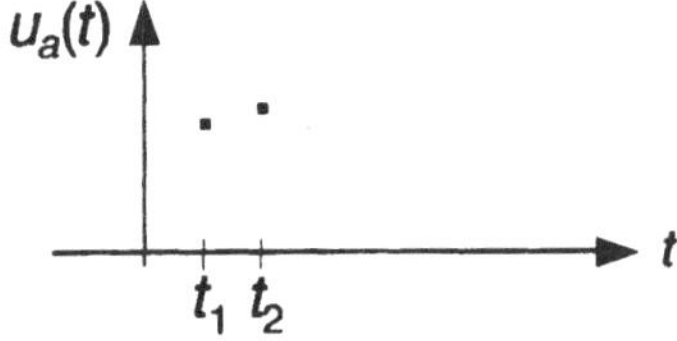

-   Strom durch die Spule berechnen und in die Anfangswertliste eintragen (wird als neuer Anfangswert für den Lösungsschritt 3 benötigt)

$$i_L(t_2) = G_L \left(u_2(t_2) - u_3(t_2) \right) + i_L(t_1)$$

– Spannung am Kondensator berechnen und in die Anfangswertliste eintragen
(wird als neuer Anfangswert für den Lösungsschritt 3 benötigt)

$$u_C(t_2) = u_1(t_2) - u_2(t_2)$$

Lösungsschritte 3, 4, ... $(t_3 = t_0 + 3 \cdot \Delta t, \ t_4 = t_0 + 4 \cdot \Delta t, \ ...)$

Das Verfahren wird, wie in den Lösungsschritten 1 und 2 beschrieben, weitergeführt. Es wird beendet, wenn $t_n \geq t_{end}$ gilt.

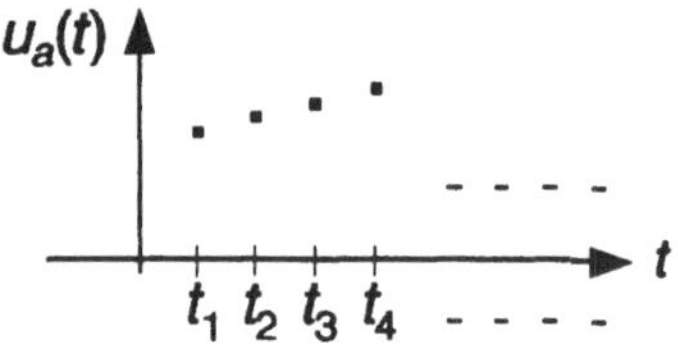

Ersatzschaltbild für den n-ten Lösungsschritt

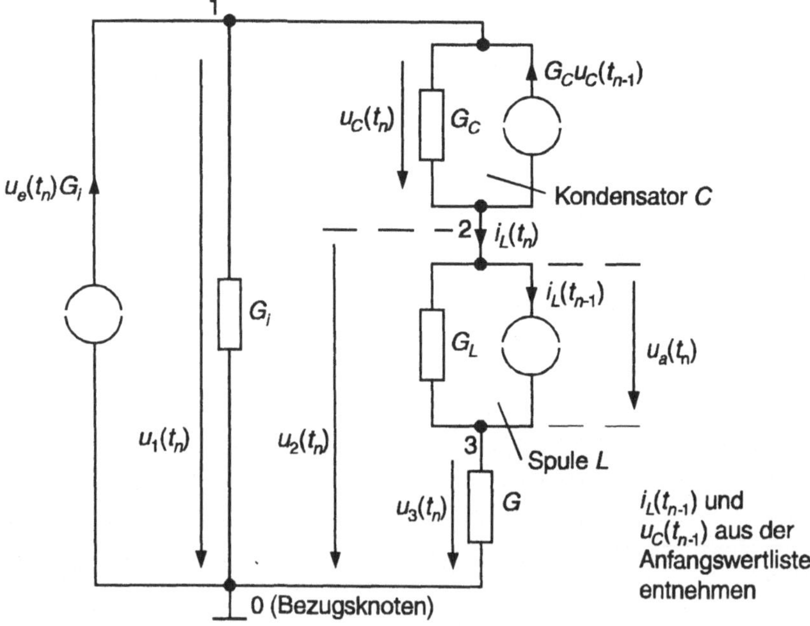

Der Einfachheit halber enthält das hier vorgeführte Beispiel nur eine Spule und
einen Kondensator. Die Verallgemeinerung des Beispiels auf umfangreichere
Schaltungen mit mehreren Spulen, Kondensatoren usw. dürfte aber nicht schwer-

fallen. In jedem Lösungsschritt müssen dann für alle Energiespeicher die Ströme bzw. Spannungen berechnet und abgespeichert werden. Im folgenden Abschnitt wird ein verallgemeinertes Lösungsverfahren angedeutet.

4.4 Zusammenfassung

Allgemeines

Mit Hilfe des Euler-Verfahrens, des Knotenpotentialverfahrens und des Gauß-Algorithmus können Transientenanalysen von Schaltungen durchgeführt werden, die aus Widerständen, Spulen, Kondensatoren, Strom- und Spannungsquellen bestehen. Die Spannungsquellen müssen Innenwiderstände aufweisen. Die erregenden Spannungen und/oder Ströme können beliebige zeitliche Verläufe aufweisen.

Ersatzschaltbilder für Energiespeicher

Im Rahmen des Euler-Verfahrens werden alle Energiespeicher in einer Schaltung durch Parallel-Ersatzschaltbilder aus Leitwerten und Stromquellen gemäß Bild 4.4-1 ersetzt.

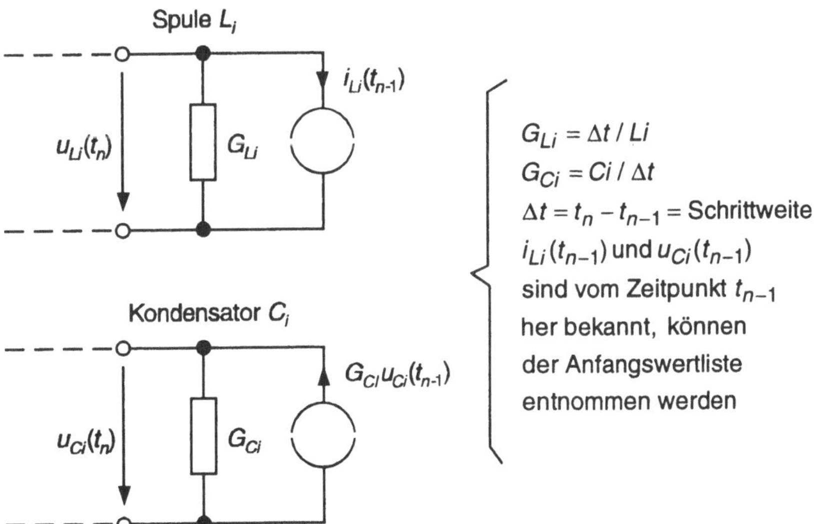

Bild 4.4-1 Ersatzschaltbilder für Spule und Kondensator nach dem Euler-Verfahren, gültig für den Zeitpunkt t_n

Vorbereitung der Schaltungsanalyse

– Schaltung in den Rechner eingeben, Verbindungsliste erzeugen

– Zeitliche Verläufe der erregenden Ströme, Spannungen spezifizieren (über Gleichungen oder Wertetabellen)

– Evtl. in der Schaltung vorhandene Spannungsquellen mit Innenwiderständen durch äquivalente Stromquellen ersetzen, alle Widerstandswerte in Leitwerte umrechnen, Verbindungsliste entsprechend ändern

– Bezugsknoten in der Schaltung wählen (0), restliche Schaltungsknoten fortlaufend nummerieren (1, 2, ..., k, ..., $k$max), Verbindungsliste entsprechend ändern

– Datenfelder für die im Rahmen des Knotenpotentialverfahrens und des Gauß-Algorithmus zu berechnenden Ströme, Koeffizienten und Spannungen reservieren (Stromspalte, Koeffizientenmatrix, Spannungsspalte, vgl. Abschnitt 3)

– Datenfelder für Anfangswerte und Parameter – Anfangswertliste, Parameterliste – reservieren

– Anfangswerte $i_{L1}(t_0)$, $i_{L2}(t_0)$, ..., $u_{C1}(t_0)$, $u_{C2}(t_0)$, ... für alle Spulen und Kondensatoren in die Anfangswertliste eintragen

– Beginn der Simulation t_0, Ende der Simulation t_{end}, Schrittweite Δt wählen und in die Parameterliste eintragen

– Alle in der Schaltung enthaltenen Spulen und Kondensatoren durch Ersatzschaltbilder gemäß Bild 4.4-1 ersetzen:

Spule Li $\Rightarrow$ Leitwert $G_{Li} = \Delta t/Li$ // Stromquelle
Kondensator Ci $\Rightarrow$ Leitwert $G_{Ci} = Ci/\Delta t$ // Stromquelle
(den Stromquellen sind zunächst noch keine Werte zugeordnet)
Verbindungsliste entsprechend ändern

Durchführung der Schaltungsanalyse

$n := 0$

> $n := n + 1$
>
> $t_n := t_0 + n \cdot \Delta t$
>
> Verbindungsliste bzw. Ersatzschaltbild für den Zeitpunkt t_n spezifizieren:
>
> - Werte der erregenden Quellen für den Zeitpunkt t_n ermitteln (aus Gleichungen bzw. Wertetabellen), in die Verbindungsliste eintragen
> - Anfangswerte $i_{Li}(t_{n-1})$ für die Spulen aus der Anfangswertliste entnehmen, in die Verbindungsliste zur Spezifizierung der entsprechenden Ersatzstromquellen eintragen (vgl. Bild 4.4-1)
> - Anfangswerte $u_{Ci}(t_{n-1})$ für die Kondensatoren aus der Anfangswertliste entnehmen, mit G_{Ci} multiplizieren, Produkte in die Verbindungsliste zur Spezifizierung der entsprechenden Ersatzstromquellen eintragen (vgl. Bild 4.4-1)
>
> Knotenspannungen $u_1(t_n)$, $u_2(t_n)$, ... mit Hilfe des Knotenpotentialverfahrens und des Gauß-Algorithmus berechnen (vgl. Abschnitt 3.3 bzw. 3.5)
> Gesuchte Größe über die Knotenspannungen berechnen und plotten
>
> 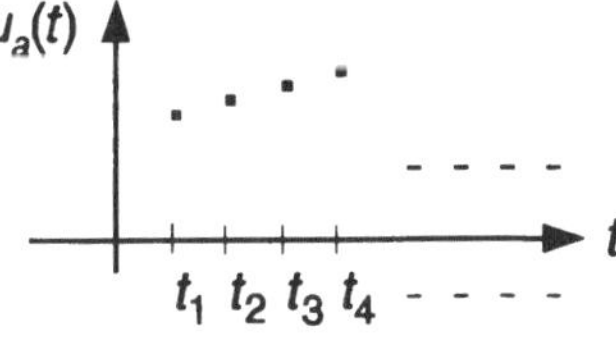
>
>
> Wenn $t_n < t_{end}$ gilt:
>
> Vorbereiten des nächsten Lösungsschrittes:
>
> - Ströme durch alle Spulen berechnen
> $i_{Li}(t_n) := G_{Li} \cdot u_{Li}(t_n) + i_{Li}(t_{n-1})$
>   Spulenströme in die Anfangswertliste eintragen
>
> - Spannungen $u_{Ci}(t_n)$ an allen Kondensatoren berechnen und ebenfalls in die Anfangswertliste eintragen

Wiederholen, solange $t < t_{end}$ gilt

Berechnung von Zweigspannungen und Zweigströmen

Mit Hilfe des Euler-Verfahrens, des Knotenpotentialverfahrens und des Gauß-Algorithmus werden zunächst nur die Knotenspannungen der in Betracht gezogenen Schaltung für aufeinanderfolgende Zeitpunkte t_1, t_2, ... , t_n, ... berechnet. Die Zweigspannungen (z.B. die für die Vorbereitung des nächsten Lösungsschrittes notwendigen Spulen- und Kondensatorspannungen bzw. die gesuchte Größe) können dann aber sehr leicht als Differenzen zweier Knotenspannungen angegeben werden. Die Berechnung von Zweigströmen ist ebenfalls sehr einfach, es müssen allerdings verschiedene Fälle unterschieden werden:

– *Fall 1:* Ermitteln des Stromes $i_{Gi}(t_n)$ durch einen Leitwert Gi

   Dazu muß zunächst die am Leitwert Gi liegende Spannung u_{Gi} bestimmt werden. Anschließend ergibt sich der Strom gemäß des Ohmschen Gesetzes:

$$i_{Gi}(t_n) = Gi\, u_{GI}(t_n)$$

– *Fall 2:* Ermitteln des Stromes $i_{Li}(t_n)$ durch eine Spule Li

   Dazu muß zunächst die an der Spule liegende Spannung $u_{Li}(t_n)$ bestimmt werden. Anschließend ergibt sich der Strom gemäß Bild 4.4-1 folgendermaßen:

$$i_{Li}(t_n) = G_{Li}\, u_{Li}(t_n) + i_{Li}(t_{n-1})$$

   $i_{Li}(t_{n-1})$ wird der Anfangswertliste entnommen.

   (Dieser Fall ist im vorstehenden Struktogramm bereits behandelt worden, die Spulenströme müssen ja im Rahmen der Vorbereitung des nächsten Lösungsschrittes sowieso berechnet werden)

– *Fall 3:* Ermitteln des Stromes $i_{Ci}(t_n)$ durch einen Kondensator Ci

   Dazu muß zunächst die am Kondensator liegende Spannung $u_{Ci}(t_n)$ bestimmt werden. Anschließend ergibt sich der Strom gemäß Bild 4.4-1 folgendermaßen:

$$i_{Ci}(t_n) = G_{Ci}\, u_{Ci}(t_n) - G_{Ci}\, u_{Ci}(t_{n-1})$$

   $u_{Ci}(t_{n-1})$ wird der Anfangswertliste entnommen.

Hinweis zum Knotenpotentialverfahren

Bei der Durchführung des in Abschnitt 3 ausführlich beschriebenen Knotenpotentialverfahrens im Rahmen des Euler-Verfahrens müssen in jedem Durchlauf die Summen aller Quellenströme an jedem Schaltungsknoten neu berechnet werden. Die Koeffizienten $a_{z,s}$ müßten eigentlich nur einmal berechnet werden, sie ändern sich prinzipiell nicht. Aber bei der Anwendung des Gauß-Algorithmus gemäß Abschnitt 3.4 werden die mittels des Knotenpotentialverfahrens spezifizierten und in der Koeffizientenmatrix abgespeicherten Koeffizienten teilweise überschrieben und damit zerstört. Deshalb müssen die Koeffizienten in jedem Programmdurchlauf neu berechnet werden. Besser ist es allerdings, wenn die einmal berechneten Koeffizienten in einem Zwischenspeicher abgelegt werden. Bei den folgenden Durchläufen des Knotenpotentialverfahrens kann dann auf die erneute Berechnung der Koeffizienten verzichtet werden, der Inhalt des Zwischenspeichers muß dann nur jedesmal in die Koeffizientenmatrix kopiert werden.

4.5 Ergänzungen

Beim Euler-Verfahren baut jeder Rechenschritt auf den Ergebnissen des vorangegangenen Schrittes auf. Dabei entstehen jedesmal Fehler, die sich im Laufe der Zeit zu größeren Gesamtfehlern aufaddieren können. Die Genauigkeit des Verfahrens ist abhängig von der Schrittweite Δt. Je kleiner, desto genauer. Dann steigt aber auch die Rechenzeit. Die Genauigkeit des Verfahrens hängt auch von der Art der Schaltung, der Art der Erregung und der Simulationszeit ab.

Mehr oder weniger detaillierte Genauigkeitsbetrachtungen finden sich in der angegebenen Literatur. Im vorliegenden Buch wird darauf verzichtet. Um dem Leser trotzdem eine Vorstellung von der Genauigkeit des Euler-Verfahrens zu vermitteln, soll allerdings ein Beispiel, vgl. Bild 4.5-1, angeführt werden. Das Beispiel stellt einen Tiefpaß 2. Ordnung dar, auf den zum Zeitpunkt $t - 0$ eine Spannung aufgeschaltet wird. Die Ausgangsspannung über der Zeit kann für dieses Beispiel relativ leicht über Aufstellung der schaltungsbeschreibenden Differentialgleichung exakt berechnet werden. Mittels eines kleinen Rechenprogramms kann die Ausgangsspannung auch mit Hilfe des Euler-Verfahrens für verschiedene Schrittweiten Δt näherungsweise berechnet werden. In Tabelle 4.5-1 sind die Ergebnisse der exakten und der näherungsweisen Rechnung nebeneinandergestellt.

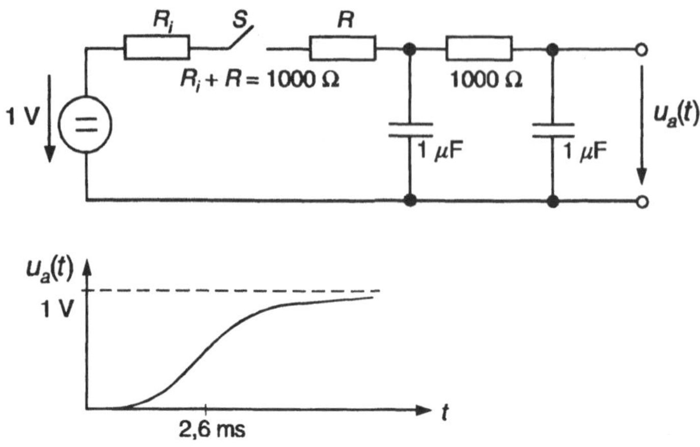

Bild 4.5-1 Tiefpaß mit Sprungantwort (S wird zum Zeitpunkt t = 0 geschlossen, zu diesem Zeitpunkt werden die Kondensatoren als ungeladen angenommen)

Tabelle 4.5-1 Vergleich der mittels des Euler-Verfahrens berechneten Ausgangsspannung der in Bild 4.5-1 dargestellten Schaltung mit dem exakten Wert

	Ausgangsspannung in V nach		
	2,6 ms	13 ms	26 ms
Euler-Verf. $\Delta t = 100\,\mu s$	0,55860954073	0,99104342585	0,99993148370
Euler-Verf. $\Delta t = 50\,\mu s$	0,56250641376	0,99144322387	0,99993746391
Euler-Verf. $\Delta t = 20\,\mu s$	0,56488657227	0,99167908221	0,99994086372
Euler-Verf. $\Delta t = 10\,\mu s$	0,56568701281	0,99175702608	0,99994196609
Euler-Verf. $\Delta t = 5\,\mu s$	0,56608855902	0,99179587026	0,99994251093
Euler-Verf. $\Delta t = 2\,\mu s$	0,56632991171	0,99181913774	0,99994283699
Exakter Wert	0,56649099098	0,99183463175	0,99994305426

Anhand der Tabelle 4.5-1 ist der große Einfluß der Schrittweite Δt auf die Genauigkeit des Euler-Verfahrens zu erkennen. Ferner wird deutlich, daß die Fehler im Bereich größerer Steigung des $u_a(t)$-Verlaufs (z.B. bei 2,6 ms) relativ groß sind. In einigen Simulationsprogrammen wird deshalb die Schrittweite Δt nicht konstant gehalten, sondern der Steigung der zu bestimmenden Größe angepaßt:

– Δt wird verkleinert, wenn die Steigung des $u_a(t)$-Verlaufs eine stärkere Änderung erkennen läßt

– Δt wird vergrößert, wenn die Steigung des $u_a(t)$-Verlaufs keine oder nur eine geringe Änderung erkennen läßt

Mit einer solchen Vorgehensweise kann Rechenzeit gespart werden, ohne daß die Genauigkeit leidet.

Eine weitere Verbesserung des Euler-Verfahrens läßt sich auch erreichen, wenn bei der näherungsweisen Berechnung der Ableitung einer Funktion auf mehrere bereits berechnete Stützpunkte zurückgegriffen wird. Näheres dazu ist wiederum der angegebenen Literatur zu entnehmen.

5 Analyse nichtlinearer Schaltungen, bestehend aus Widerständen, Dioden, Strom- und Spannungsquellen
– gleichförmige Erregung –

5.1 Einführung

In diesem Abschnitt sollen Schaltungen untersucht werden, die folgende Bauelemente enthalten dürfen:

- Widerstände

- Dioden

- Gleichstromquellen

- Gleichspannungsquellen mit Innenwiderständen

Die Widerstände werden, wie in den vorangegangenen Abschnitten, als ideal angenommen. Ebenfalls wie in den vorangegangenen Abschnitten werden nur reale Spannungsquellen, die Innenwiderstände aufweisen, zugelassen.

Die in diesem Abschnitt in Betracht gezogenen Schaltungen sind nichtlinear, da sie Dioden enthalten. Die exakte mathematische Berechnung nichtlinearer Schaltungen ist bekanntlich sehr problematisch. Deshalb wird im folgenden ein numerisches Verfahren, das *Newton-Verfahren*, zur Berechnung herangezogen. Mit Hilfe dieses Verfahrens können Dioden durch Widerstands-Stromquellen-Parallelanordnungen ersetzt werden. Die dadurch entstehenden Schaltungen sind somit wieder einer Analyse mit dem Knotenpotentialverfahren und dem Gauß-Algorithmus, vgl. Abschnitt 3, zugänglich.

Die in diesem Abschnitt behandelten Rechenmethoden sind nicht nur auf Dioden-Schaltungen beschränkt. Die beschriebenen Verfahren können sinngemäß auch auf Schaltungen mit anderen nichtlinearen Bauelementen, z.B. Varistoren, angewendet werden. Die Diode ist nur wegen ihrer besonderen Bedeutung in der Schaltungstechnik als Beispiel herangezogen worden.

In Bild 5.1-1 ist die Kennlinie einer typischen Silizium-Diode dargestellt. Die Kennlinie steigt im Durchlaßbereich nach Überschreiten der Schwellspannung $U_{Schwell}$ (ca. 0,6 bis 0,7 V) steil an. Im Sperrbereich fließen bis zur Sperrspannung U_{Sperr} (ca. 50 bis 100 V) außerordentlich geringe Sperrströme (Größenordnung nA).

Die Diodenkennlinie kann recht gut durch eine Exponentialfunktion beschrieben werden:

$$i_D = I_S \left(e^{\frac{u_D}{U_T}} - 1 \right) \tag{5.1-1}$$

mit

I_S = Sättigungsstrom $\approx 10^{-13}$ A bei Raumtemperatur

U_T = Temperaturspannung $\approx 26 \cdot 10^{-3}$ V bei Raumtemperatur

Gleichung (5.1-1) beschreibt die Diodenkennlinie allerdings nur teilweise. Der Durchbruchbereich nach Überschreiten der Sperrspannung wird nicht berücksichtigt. In den folgenden Ausführungen soll trotzdem immer die Gleichung (5.1-1) zugrundegelegt werden.

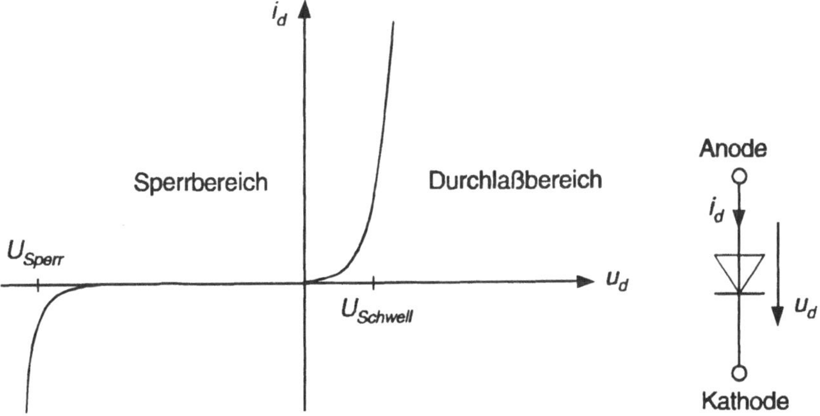

Bild 5.1-1 Kennlinie einer Diode

5.2 Grundlagen des Newton-Verfahrens

In diesem Abschnitt soll prinzipiell dargestellt werden, wie Schaltungen mit Dioden analysiert werden können. Die Rechenverfahren sollen zunächst an einem ganz einfachen Beispiel, einer Reihenschaltung aus Spannungsquelle, Widerständen und Diode, erläutert werden.

Beispiel: Reihenschaltung Widerstände-Diode

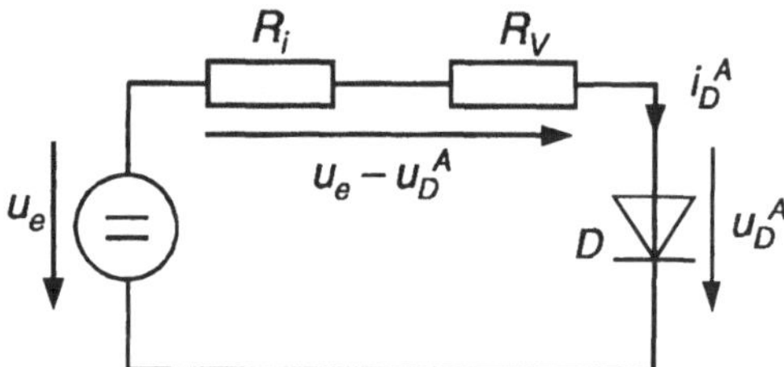

Gegeben:

Spannungsquelle u_e mit Innenwiderstand R_i
Dioden-Vorwiderstand R_v
Diode D, Kennlinie gemäß Gleichung (5.1-1)

Gesucht:

Arbeitspunkt A der Diode u_D^A, i_D^A

Lösungsverfahren 1: Schnittpunktmethode

Der Arbeitspunkt A der Diode kann bei diesem einfachen Beispiel sehr leicht grafisch oder rechnerisch bestimmt werden, indem der Schnittpunkt der Arbeitsgeraden mit der Diodenkennlinie gebildet wird. Dieses Verfahren soll durch Bild 5.2-1 verdeutlicht werden.

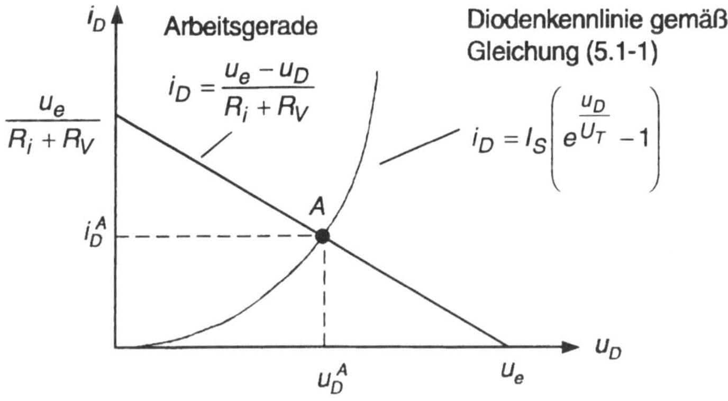

Bild 5.2-1 Vorgehensweise bei der Schnittpunktmethode

Die Schnittpunktmethode funktioniert allerdings nur bei ganz einfachen Schaltungen. Deshalb soll im folgenden ein leistungsfähigeres, auch auf Schaltungen mit mehreren Dioden anwendbares Lösungsverfahren beschrieben werden.

Lösungsverfahren 2: Newton-Verfahren

Diese Lösungsmethode ist ein numerisches Verfahren. Man geht von einer Schätzlösung für den Arbeitspunkt bzw. von einem mehr oder weniger beliebig gewählten provisorischem Arbeitspunkt aus. Dieser Arbeitspunkt wird anschließend schrittweise verbessert und der richtigen Lösung immer mehr angenähert. Es handelt sich also um ein sogenanntes iteratives, d.h. wiederholendes Verfahren. Die einzelnen Lösungsschritte werden deshalb auch als Iterationsschritte bezeichnet.

Die Vorgehensweise bei diesem Verfahren soll im folgenden etwas genauer beschrieben und durch Bild 5.2-2 illustriert werden. Der Leser sollte also den folgenden Text und Bild 5.2-2 möglichst gleichzeitig vor Augen haben.

Vorbereitungsschritte für die Lösung

Einen provisorischen Arbeitspunkt A^0 auf der Diodenkennlinie bzw. die diesem Abeitspunkt zuzuordnende Spannung u_D^0 wählen. Der Arbeitspunkt A^0 bzw. die entsprechende Spannung u_D^0, die sogenannte *Startspannung*, kann mehr oder weniger beliebig gewählt werden, z.B. $u_D^0 = 0$ V.

Lösungs- bzw. Iterationsschritt 1

- Tangente T^0 an den im Vorbereitungsschritt gewählten Arbeitspunkt A^0 legen

- Schnittpunkt S^1 der Tangente T^0 mit der Arbeitsgeraden bestimmen. Schnittpunktspannung: u_D^1

- Neuen, durch die Spannung u_D^1 bestimmten Arbeitspunkt A^1 auf der Diodenkennlinie markieren

Lösungs- bzw. Iterationsschritt 2

- Tangente T^1 an den im vorigen Schritt festgelegten Arbeitspunkt A^1 legen

- Schnittpunkt S^2 der Tangete T^1 mit der Arbeitsgeraden bestimmen Schnittpunktspannung: u_D^2

- Neuen, durch die Spannung u_D^2 bestimmten Arbeitspunkt A^2 auf der Diodenkennlinie markieren

usw.

Man erkennt anhand von Bild 5.2-2, daß die in aufeinanderfolgenden Iterationsschritten ermittelten Arbeitspunkte dem „richtigen" Arbeitspunkt immer näher rücken. Das Verfahren kann abgebrochen werden, wenn sich die in zwei aufeinanderfolgenden Iterationsschritten $m-1$, m ($m = 1, 2, \ldots$) berechneten Arbeitspunkte bzw. die entsprechenden Spannungen u_D^{m-1}, u_D^m nur noch unwesentlich unterscheiden. Letzteres ist ein Zeichen dafür, daß der gerade bestimmte Arbeitspunkt dem richtigen Arbeitspunkt sehr nahe liegt.

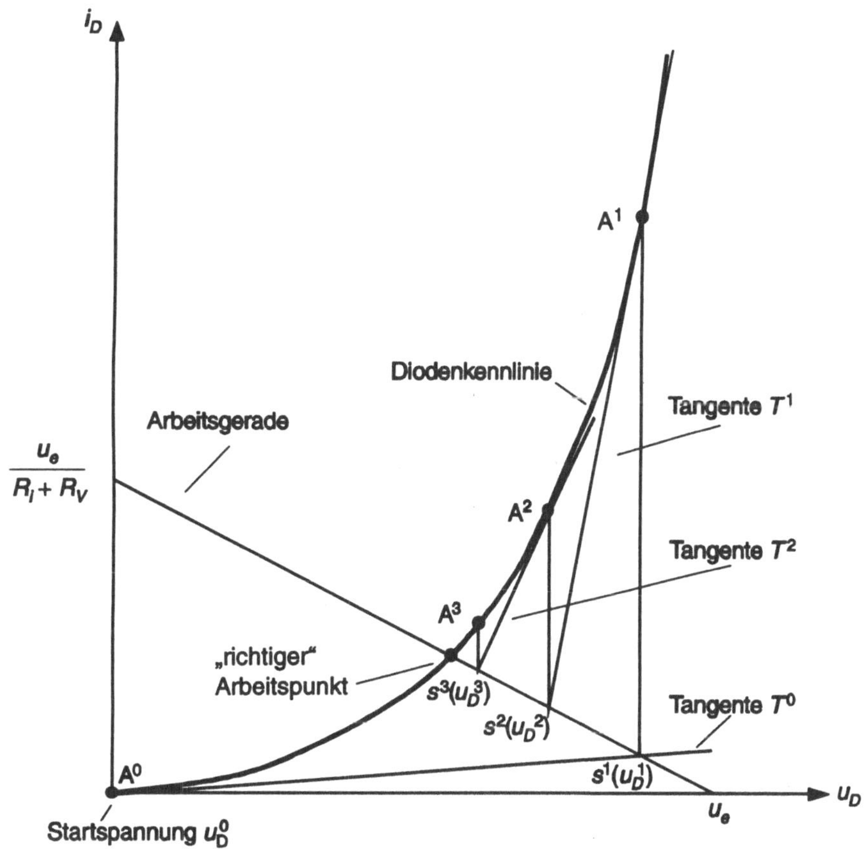

Bild 5.2-2 Vorgehensweise beim Newton-Verfahren

Der Abbruch des Newton-Verfahrens wird über eine sogenannte *Abbruchbedingung*, die nach jedem Iterationsschritt geprüft werden muß, gesteuert. Die Abbruchbedingung hat folgende Form:

$$\left| \frac{u_D^m - u_D^{m-1}}{u_D^{m-1}} \right| \langle\, \varepsilon \quad \text{für } u_D^{m-1} \neq 0 \text{ V} \tag{5.2-1a}$$

bzw.

$$\left| \frac{u_D^m}{1\,\text{V}} \right| \langle\, \varepsilon \qquad \text{für } u_D^{m-1} = 0 \text{ V} \tag{5.2-1b}$$

Dabei stellt ε den sogenannten *Abbruchwert* dar. Dieser Wert wird je nach Genauigkeitsansprüchen mehr oder weniger klein gewählt (beispielsweise 10^{-5} ... 10^{-6}).

Das Newton-Verfahren wird abgebrochen, wenn die Abbruchbedingung (5.2-1a) bzw. (5.2-1b) erfüllt ist. Ansonsten wird das Verfahren weitergeführt.

Wir wollen jetzt noch einmal Bild 5.2-2 betrachten. Man erkennt, daß für die Bestimmung des „neuen" Arbeitspunktes A^m im Iterationsschritt m die Tangente T^{m-1} am „alten" Arbeitspunkt A^{m-1} benötigt wird. Die Gleichung dieser Tangente soll im folgenden abgeleitet werden. Das ist recht einfach, die gesuchte Tangente ist eine Gerade, die durch den Arbeitspunkt A^{m-1} verläuft und die die Steigung der Diodenkennlinie im Arbeitspunkt A^{m-1} aufweist. Diese Steigung soll mit G_D^{m-1} bezeichnet werden. G_D^{m-1} kann mit Hilfe der Diodengleichung (5.1-1) berechnet werden:

$$G_D^{m-1} = \left.\frac{\mathrm{d}\,i_D}{\mathrm{d}\,u_D}\right|_{u_D^{m-1}} = \left.\frac{\mathrm{d}}{\mathrm{d}\,u_D}\left[I_S\left(e^{\frac{u_D}{U_T}}-1\right)\right]\right|_{u_D^{m-1}} = \frac{I_S}{U_T}e^{\frac{u_D^{m-1}}{U_T}}$$

Die Tangentengleichung lautet nun (vgl. mathematische Formelsammlung, Geradengleichung, Punkt-Richtungs-Form):

$$i_D - i_D^{m-1} = G_D^{m-1}\left(u_D - u_D^{m-1}\right)$$

Für i_D^{m-1} kann der rechte Teil der Diodengleichung (5.1-1) für $u_D = u_D^{m-1}$ eingesetzt werden, man erhält:

$$i_D - I_S\left(e^{\frac{u_D^{m-1}}{U_T}}-1\right) = G_D^{m-1}\left(u_D - u_D^{m-1}\right)$$

Diese Gleichung kann nun nach i_D aufgelöst und etwas umgeformt werden:

$$i_D = G_D^{m-1}u_D + I_S\left(e^{\frac{u_D^{m-1}}{U_T}}-1\right) - G_D^{m-1}u_D^{m-1}$$

Mit der Abkürzung

$$I_D^{m-1} = I_S \left(e^{\frac{u_D^{m-1}}{U_T}} - 1 \right) - G_D^{m-1} u_D^{m-1}$$

erhält man nun folgende Tangentengleichung:

$$i_D = G_D^{m-1} u_D + I_D^{m-1}$$

Aus der letzten Gleichung kann das in Bild 5.2-3 dargestellte Ersatzschaltbild abgeleitet werden. Bild 5.2-3 gibt die durch die Tangentengleichung beschriebene Aufteilung des Stromes i_D in die Teilströme $G_D^{m-1} u_D$ und I_D^{m-1} exakt wieder. Das Bild stellt somit eine Schaltung dar, deren Kennlinie der Tangente an der Diodenkennlinie im Arbeitspunkt A^{m-1} entspricht. Oder anders ausgedrückt: Bild 5.2-3 stellt ein lineares Ersatzschaltbild der Diode für den Arbeitspunkt A^{m-1} dar.

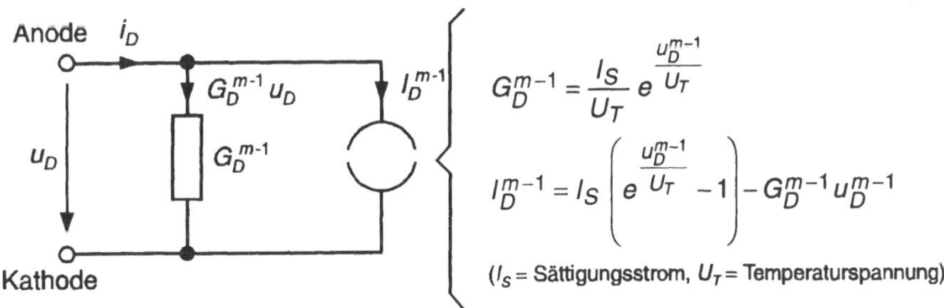

Bild 5.2-3 Lineares Ersatzschaltbild der Diode für den Arbeitspunkt $A^{m-1}\left(u_D^{m-1}\right)$

Der aufmerksame Leser ahnt nun sicherlich schon, daß mit Hilfe des linearen Dioden-Ersatzschaltbildes auch Diodenschaltungen wieder mit dem Knotenpotentialverfahren und dem Gauß-Algorithmus berechnet werden können. Allerdings müssen Knotenpotentialverfahren und Gauß-Algorithmus dabei in das Newton-Verfahren eingebettet werden, d.h. die Berechnungen müssen immer wieder, unter Zugrundelegung neuer, verbesserter Arbeitspunkte wiederholt werden. Im nächsten Abschnitt soll ausführlich erläutert werden, wie dieser Lösungsprozeß im einzelnen durchzuführen ist.

5.3 Schaltunganalyse mit dem Newton-Verfahren

Im vorigen Abschnitt wurde das Newton-Verfahren anhand eines einfachen Beispiels grafisch erläutert. Im folgenden soll das Verfahren schaltungstechnisch interpretiert werden. D.h. es erfolgt gewissermaßen eine Übersetzung der grafischen Vorgehensweise in entsprechende Aktionen am Schaltbild. Dabei spielt selbstverständlich das in Bild 5.2-3 dargestellte lineare Ersatzschaltbild der Diode eine große Rolle.

Wir betrachten zunächst wieder das bereits in Abschnitt 5.2 angeführte „Einfachstbeispiel" mit nur einer Diode. Der Lösungsweg soll aber jetzt schon recht allgemein und schematisch formuliert werden, so daß sich der Leser eine Umsetzung in einen rechnergerechten Algorithmus vorstellen kann. Anschließend erfolgt eine weitere Verallgemeinerung des Verfahrens, so daß auch Schaltungen mit mehreren Dioden analysiert werden können.

Beispiel: Reihenschaltung Widerstände-Diode

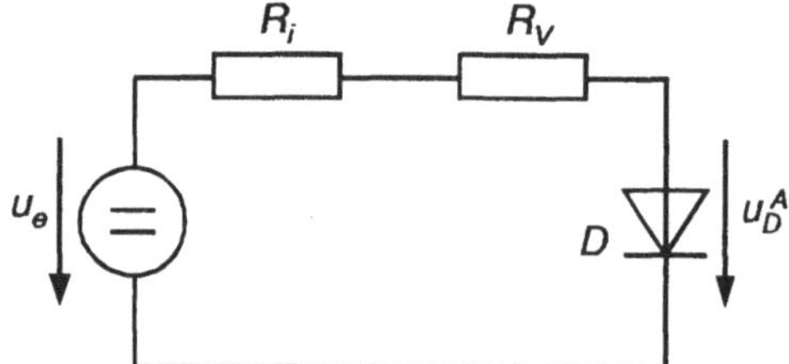

Gegeben:

Spannungsquelle u_e mit Innenwiderstand R_i
Dioden-Vorwiderstand R_v
Diode D, Kennlinie gemäß Gleichung (5.1-1)

Gesucht:

Diodenspannung u_D^A

Vorbereitungsschritte für die Lösung

- Spannungsquelle mit Innenwiderstand durch äquivalente Stromquelle ersetzen, alle Widerstandswerte in Leitwerte umrechnen $G_i = 1/R_i$, $G_v = 1/R_v$

- Bezugsknoten in der Schaltung wählen (0), restliche Schaltungsknoten fortlaufend nummerieren

- Startspannung u_D^0 vorgeben (z.B. 0 V) und in eine *Arbeitspunktliste* eintragen

- Abbruchwert ε wählen (z.B. 10^{-5})

Lösungs- bzw. Iterationsschritt 1

Grafische Vorgehensweise gemäß Bild 5.2-2	Entsprechende schaltungstechnische Vorgehensweise
– u_D^0 aus Arbeitspunktliste entnehmen	– u_D^0 aus Arbeitspunktliste entnehmen
– Tangente T^0 an die Diodenkennlinie an den durch u_D^0 festgelegten Arbeitspunkt A^0 legen	– Diode durch lineares Ersatzschaltbild gemäß Bild 5.2-3 für den durch u_D^0 festgelegten Arbeitspunkt A^0 ersetzen. Damit ergibt sich das unten dargestellte Ersatzschaltbild
– Schnittpunkt S^1 der Tangente T^0 mit der Arbeitsgeraden bilden, Spannung u_D^1 am Schnittpunkt ermitteln	– Spannung u_D^1 anhand des unten dargestellten Ersatzschaltbildes mittels Knotenpotentialverfahren und Gauß-Algorithmus berechnen
– Abbruchbedingung prüfen $$\left|\frac{u_D^1 - u_D^0}{u_D^0}\right| \langle\, \varepsilon \quad \text{für } u_D^0 \neq 0 \text{ V}$$ bzw. $$\left|u_D^1 / 1 \text{ V}\right| \langle\, \varepsilon \quad \text{für } u_D^0 = 0 \text{ V}$$	– Abbruchbedingung prüfen $$\left|\frac{u_D^1 - u_D^0}{u_D^0}\right| \langle\, \varepsilon \quad \text{für } u_D^0 \neq 0 \text{ V}$$ bzw. $$\left|u_D^1 / 1 \text{ V}\right| \langle\, \varepsilon \quad \text{für } u_D^0 = 0 \text{ V}$$
– Wenn Abbruchbedingung nicht erfüllt ist: u_D^1 in die Arbeitspunktliste eintragen und nächsten Iterationsschritt einleiten	– Wenn Abbruchbedingung nicht erfüllt ist: u_D^1 in die Arbeitspunktliste eintragen und nächsten Iterationsschritt einleiten
– Wenn Abbruchbedingung erfüllt ist: $u_D^A \approx u_D^1$ als Lösung ausgeben, Verfahren beenden	– Wenn Abbruchbedingung erfüllt ist: $u_D^A \approx u_D^1$ als Lösung ausgeben, Verfahren beenden

Ersatzschaltbild für den Lösungs- bzw. Iterationsschritt 1:

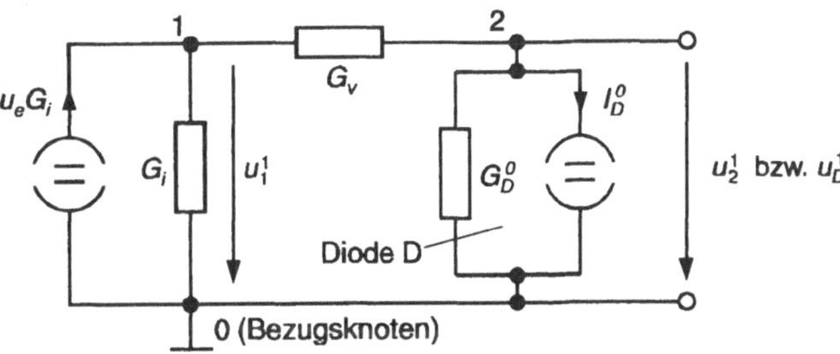

$$\text{mit}\quad G_D^0 = \frac{I_S}{U_T}\, e^{\frac{u_D^0}{U_T}}, \quad I_D^0 = I_S\left(e^{\frac{u_D^0}{U_T}} - 1\right) - G_D^0\, u_D^0$$

Lösungs- bzw. Iterationsschritt 2

Grafische Vorgehensweise gemäß Bild 5.2-2	Entsprechende schaltungstechnische Vorgehensweise
– u_D^1 aus Arbeitspunktliste entnehmen	– u_D^1 aus Arbeitspunktliste entnehmen
– Tangente T^1 an die Diodenkennlinie an den durch u_D^1 festgelegten Arbeitspunkt A^1 legen	– Diode durch lineares Ersatzschaltbild gemäß Bild 5.2-3 für den durch u_D^1 festgelegten Arbeitspunkt A^1 ersetzen. Damit ergibt sich das unten dargestellte Ersatzschaltbild
– Schnittpunkt S^2 der Tangente T^1 mit der Arbeitsgeraden bilden, Spannung u_D^2 am Schnittpunkt ermitteln	– Spannung u_D^2 anhand des unten dargestellten Ersatzschaltbildes mittels Knotenpotentialverfahren und Gauß-Algorithmus berechnen
– Abbruchbedingung prüfen $$\left| \frac{u_D^2 - u_D^1}{u_D^1} \right| < \varepsilon \quad \text{für } u_D^1 \neq 0\,\text{V}$$ bzw. $$\left| u_D^2 / 1\,\text{V} \right| < \varepsilon \quad \text{für } u_D^1 = 0\,\text{V}$$	– Abbruchbedingung prüfen $$\left| \frac{u_D^2 - u_D^1}{u_D^1} \right| < \varepsilon \quad \text{für } u_D^1 \neq 0\,\text{V}$$ bzw. $$\left| u_D^2 / 1\,\text{V} \right| < \varepsilon \quad \text{für } u_D^1 = 0\,\text{V}$$
– Wenn Abbruchbedingung nicht erfüllt ist: u_D^2 in die Arbeitspunktliste eintragen und nächsten Iterationsschritt einleiten	– Wenn Abbruchbedingung nicht erfüllt ist: u_D^2 in die Arbeitspunktliste eintragen und nächsten Iterationsschritt einleiten
– Wenn Abbruchbedingung erfüllt ist: $u_D^A \approx u_D^2$ als Lösung ausgeben, Verfahren beenden	– Wenn Abbruchbedingung erfüllt ist: $u_D^A \approx u_D^2$ als Lösung ausgeben, Verfahren beenden

Ersatzschaltbild für den Lösungs- bzw. Iterationsschritt 2:

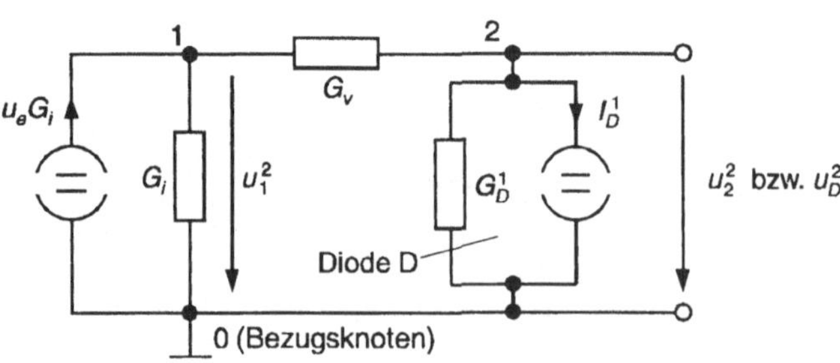

$$\text{mit } \quad G_D^1 = \frac{I_S}{U_T}\, e^{\frac{u_D^1}{U_T}}, \quad I_D^1 = I_S \left(e^{\frac{u_D^1}{U_T}} - 1 \right) - G_D^1\, u_D^1$$

Lösungs- bzw Iterationsschritt 3, 4, ...

Das Verfahren wird solange weitergeführt, bis die Abbruchbedingung erfüllt ist. Die Lösungsschritte verlaufen analog zu den Lösungsschritten 1 und 2.

Ersatzschaltbild für den Lösungs- bzw. Iterationsschritt m

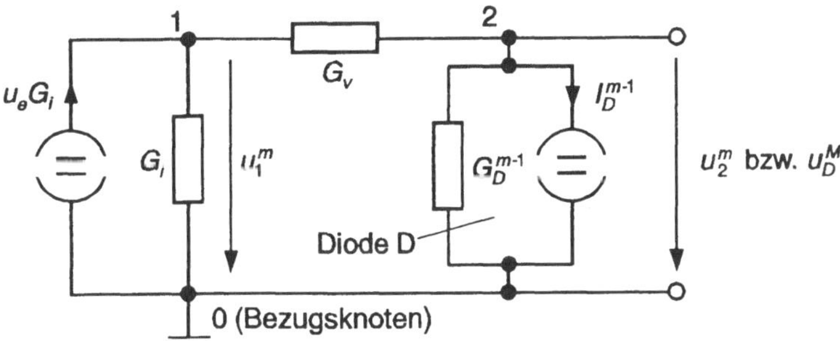

$$\text{mit}\quad G_D^{m-1} = \frac{I_S}{U_T}\, e^{\frac{u_D^{m-1}}{U_T}}, \quad I_D^{m-1} = I_S\left(e^{\frac{u_D^{m-1}}{U_T}} - 1\right) - G_D^{m-1} u_D^{m-1}$$

Für die Spezifizierung des im m-ten Lösungs- bzw. Iterationsschritt verwendeten linearen Diodenersatzschaltbildes $\left(G_D^{m-1} // I_D^{m-1}\right)$ wird die im vorangegangenen Lösungs- bzw. Iterationsschritt m-1 berechnete bzw. als Startspannung vorgegebene Spannung u_D^{m-1} benötigt. Es muß also eine Arbeitspunktliste, der diese Spannung entnommen werden kann, geführt werden!

Im gerade behandelten Beispiel wurde eine sehr einfache Schaltung mit nur einer Diode analysiert. Aber das beschriebene Lösungsverfahren kann leicht verallgemeinert werden, so daß auch Schaltungen mit mehreren Dioden berechnet werden können.

Beim verallgemeinerten Lösungsweg werden im Rahmen der Vorbereitungsschritte für alle Dioden Startspannungen $u_{D1}^0, u_{D2}^0, \ldots$ festgelegt. Ferner werden alle Dioden durch lineare Ersatzschaltbilder gemäß Bild 5.2-3 ersetzt. In den einzelnen Iterationsschritten werden die Ersatzschaltbilder unter Zugrundelegung der Startspannungen bzw. der im vorangegangenem Schritt berechneten Diodenspannungen spezifiziert. Anschließend werden mit Hilfe des Knotenpotentialverfahrens und des Gauß-Algorithmus die „neuen" Diodenspannungen berechnet. Analog zum „Ein-Dioden-Beispiel" nähern sich im Laufe des Iterationsverfahrens *alle* Diodenspannungen (bzw. die entsprechenden Arbeitspunkte) ihren „richtigen" Werten. Das Verfahren wird abgebrochen, wenn sich die Diodenspannungen in aufeinanderfolgenden Schritten nur noch unwesentlich unterscheiden.

Zur Verdeutlichung des verallgemeinerten Lösungsweges soll wieder ein Beispiel, diesmal eine „Zwei-Dioden-Schaltung", dienen.

Beispiel: Schaltung aus Widerständen und zwei Dioden

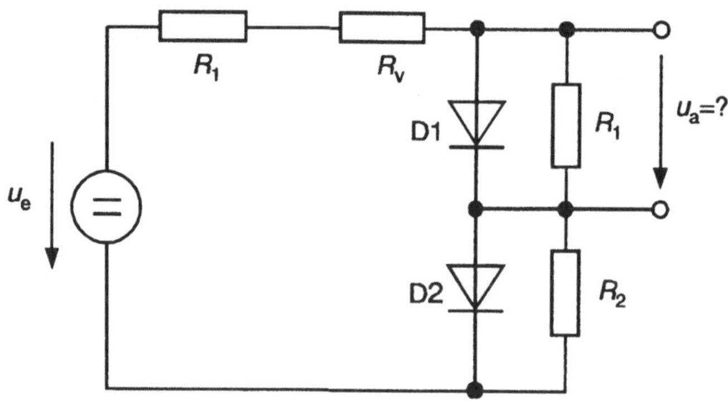

Gegeben: u_e, R_i, R_v, R_1, R_2

Dioden $D1$ und $D2$, Kennlinien gemäß Gleichung (5.1-1)

Gesucht: Spannung u_a

Vorbereitungsschritte für die Lösung

- Spannungsquelle mit Innenwiderstand durch äquivalente Stromquelle ersetzen, alle Widerstandswerte in Leitwerte umrechnen ($G_i = 1/R_i$, $G_v = 1/R_v$, $G_1 = 1/R_1$, $G_2 = 1/R_2$)

- Bezugsknoten in der Schaltung wählen (0), restliche Schaltungsknoten fortlaufend nummerieren

- Startspannungen u_{D1}^0, u_{D2}^0 vorgeben (z.B. $u_{D1}^0 = 0$V, $u_{D2}^0 = 0$V) und in eine *Arbeitspunktliste* eintragen

- Abbruchwert ε wählen (z.B. 10^{-5})

- Dioden durch lineare Ersatzschaltung gemäß Bild 5.2-3 ersetzen:
  Diode $D1 \Rightarrow$ Leitwert // Stromquelle
  Diode $D2 \Rightarrow$ Leitwert // Stromquelle
  (den Leitwerten und Stromquellen sind zunächst noch keine Werte zugeordnet)

Lösungs- bzw. Iterationsschritt m (m = 1, 2, ...)

–   Ersatzschaltbild für den Iterationsschritt m spezifizieren

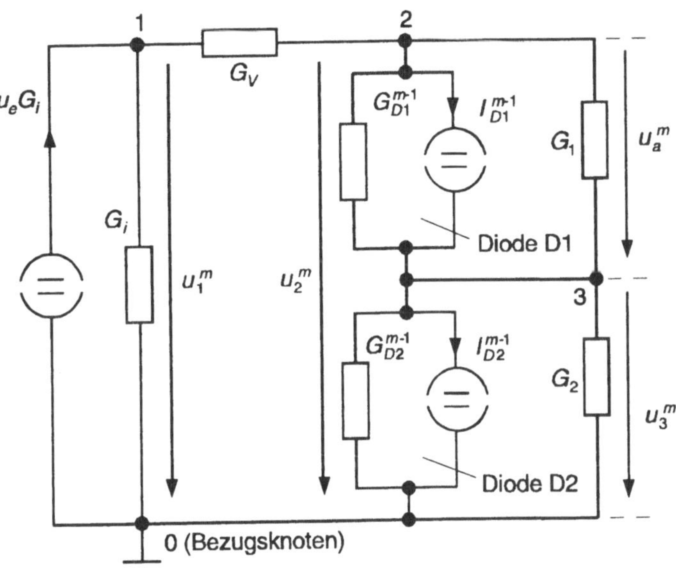

mit

$$G_{D1}^{m-1} = \frac{I_S}{U_T}\, e^{\frac{u_{D1}^{m-1}}{U_T}}\,, \quad I_{D1}^{m-1} = I_S\left(e^{\frac{u_{D1}^{m-1}}{U_T}} - 1\right) - G_{D1}^{m-1} u_{D1}^{m-1}$$

$$G_{D2}^{m-1} = \frac{I_S}{U_T}\, e^{\frac{u_{D2}^{m-1}}{U_T}}\,, \quad I_{D2}^{m-1} = I_S\left(e^{\frac{u_{D2}^{m-1}}{U_T}} - 1\right) - G_{D2}^{m-1} u_{D2}^{m-1}$$

u_{D1}^{m-1} und u_{D2}^{m-1} werden der Arbeitspunktliste entnommen

–   Knotenspannungen u_1^m, u_2^m, u_3^m mit Hilfe des Knotenpotentialverfahrens und des Gauß-Algorithmus berechnen (vgl. Abschnitt 3)

–   Diodenspannungen berechnen

$$u_{D1}^m = u_2^m - u_3^m$$

$$u_{D2}^m = u_3^m$$

–   Abbruchbedingung prüfen

$$\left|\frac{u_{D1}^m - u_{D1}^{m-1}}{u_{D1}^{m-1}}\right| < \varepsilon \qquad \text{bzw.} \qquad \left|\frac{u_{D1}^m}{1\,\text{V}}\right| < \varepsilon$$

und

$$\left|\frac{u_{D2}^m - u_{D2}^{m-1}}{u_{D2}^{m-1}}\right| < \varepsilon \qquad \text{bzw.} \qquad \left|\frac{u_{D2}^m}{1\,\text{V}}\right| < \varepsilon$$

– Wenn Abbruchbedingung nicht erfüllt ist:

u_{D1}^m und u_{D2}^m in die Arbeitspunktliste eintragen und nächsten Iterationsschritt beginnen

– Wenn Abbruchbedingung erfüllt ist:

$u_a = u_a^m = u_2^m - u_3^m$ berechnen und ausgeben, Verfahren beenden

Im nächsten Abschnitt soll der Lösungsweg noch allgemeiner und „computergerechter" in Form eines Struktogramms dargestellt werden.

5.4 Zusammenfassung

Allgemeines

Mit Hilfe des Newton-Verfahrens, des Knotenpotentialverfahrens und des Gauß-Algorithmus können Schaltungen analysiert werden, die aus Widerständen, Dioden, Gleichstrom- und Gleichspannungsquellen bestehen. Die Spannungsquellen müssen Innenwiderstände aufweisen.

Lineare Dioden-Ersatzschaltbilder

Im Rahmen des Newton-Verfahrens werden alle Dioden in der Schaltung durch lineare Parallel-Ersatzschaltbilder aus Leitwerten und Stromquellen gemäß Bild 5.4-1 ersetzt.

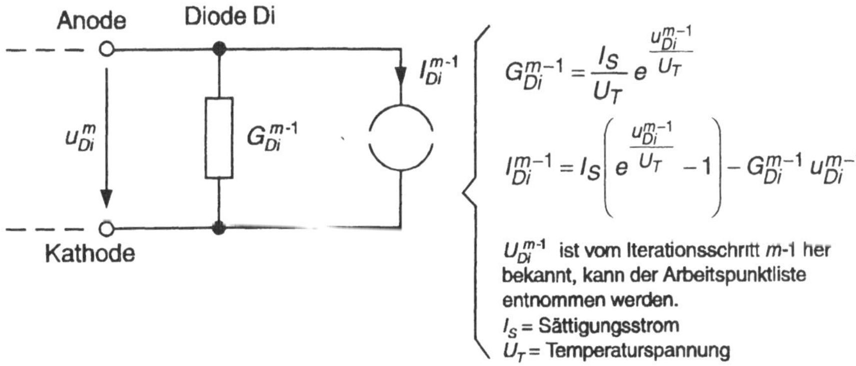

Bild 5.4-1 Lineares Ersatzschaltbild der Diode nach dem Newton-Verfahren, gültig für den m-ten Iterationsschritt

Vorbereitung der Schaltungsanalyse

- Schaltung in den Rechner eingeben, Verbindungsliste erzeugen

- Evtl. in der Schaltung vorhandene Spannungsquellen mit Innenwiderständen durch äquivalente Stromquellen ersetzen, alle Widerstandswerte in Leitwerte umrechnen, Verbindungsliste entsprechend ändern

- Bezugsknoten in der Schaltung wählen (0), restliche Schaltungsknoten fortlaufend nummerieren (1, 2, ... k, ... $k$max), Verbindungsliste entsprechend ändern

- Datenfelder für die im Rahmen des Knotenpotentialverfahrens und des Gauß-Algorithmus zu berechnenden Ströme, Koeffizienten und Spannungen reservieren (Stromspalte, Koeffizientenmatrix, Spannungsspalte, vgl. Abschnitt 3)

- Datenfelder für Arbeitspunkte und Parameter – Arbeitspunktliste, Parameterliste – reservieren

– Startspannungen u_{D1}^0, u_{D2}^0, ... für alle Dioden wählen und in die Arbeitspunktliste eintragen

– Abbruchwert ε wählen und in die Parameterliste eintragen

– Alle in der Schaltung enthaltenen Dioden durch ihre linearen Ersatzschaltbilder gemäß Bild 5.4-1 ersetzen:

Diode Di $\Rightarrow$ Leitwert // Stromquelle

(den Leitwerten und Stromquellen werden zunächst noch keine Werte zugeordnet)

Durchführung der Schaltungsanalyse

<table>
<tr><td colspan="2">$m := 0$</td></tr>
<tr><td></td><td>

$m := m + 1$

Verbindungsliste bzw. Ersatzschaltbild für den Iterationsschritt m spezifizieren. D.h. Ersatzleitwerte und Ersatzstromquellen für alle Dioden berechnen, in die Verbindungsliste eintragen (vgl. Bild 5.4-1)

$$G_{Di}^{m-1} := \frac{I_S}{U_T}\, e^{\frac{u_{Di}^{m-1}}{U_T}}$$

$$I_{Di}^{m-1} := I_S \left(e^{\frac{u_{Di}^{m-1}}{U_T}} - 1 \right) - G_{Di}^{m-1}\, u_{Di}^{m-1}$$

u_{Di}^{m-1} aus Arbeitspunktliste entnehmen

Knotenspannungen u_1^m, u_2^m, ... mit Hilfe des Knotenpotentialverfahrens und des Gauß-Algorithmus berechnen (vgl. Abschnitt 3.3 bzw. 3.5)

Spannungen u_{Di}^m an allen Dioden berechnen

Abbruchbedingung prüfen:

$$\ldots\ \left| \frac{u_{Di}^m - u_{Di}^{m-1}}{u_{Di}^{m-1}} \right| < \varepsilon\ \ \text{bzw.}\ \ \left| \frac{u_{Di}^m}{1\,\text{V}} \right| < \varepsilon\ \ \ldots$$

Wenn Abbruchbedingung nicht erfüllt ist:

Spannungen u_{Di}^m in die Arbeitspunktliste eintragen

</td></tr>
<tr><td colspan="2">Wiederholen, solange Abbruchbedingung nicht erfüllt ist</td></tr>
<tr><td colspan="2">Gesuchte Größe über die Knotenspannungen berechnen und ausgeben</td></tr>
</table>

Berechnung von Zweigspannungen und Zweigströmen

Mit Hilfe des Newton-Verfahrens, des Knotenpotentialverfahrens und des Gauß-Algorithmus werden zunächst nur die Knotenspannungen der in Betracht gezogenen Schaltung für aufeinanderfolgende Iterationsschritte 1, 2, ... , m, ... berechnet. Die Zweigspannungen (z.B. die für die Überprüfung der Abbruchbedingung und für die Durchführung des nächsten Iterationsschrittes notwendigen Diodenspannungen bzw. die gesuchte Größe) können dann aber sehr leicht als Differenzen zweier Knotenspannungen angegeben werden. Falls die gesuchte Größe ein Zweigstrom ist, muß nach Beendigung des Iterationsverfahrens unter Zugrundelegeung der im letzten Iterationsschritt berechneten Knotenspannungen noch etwas gerechnet werden. Zwei Fälle sind zu unterscheiden:

- *Fall 1*: Ermitteln des Stromes i_{Gi} durch einen Leitwert G_i

  Dazu muß zunächst die am Leitwert liegende Spannung u_{Gi} ermittelt werden. Anschließend ergibt sich der Strom gemäß des Ohmschen Gesetzes folgendermaßen:

  $$i_{Gi} = G_i\, u_{Gi}$$

- *Fall 2*: Ermitteln des Stromes i_{Di} durch eine Diode Di

  Dazu muß zunächst die an der Diode liegende Spannung u_{Di} ermittelt werden. Anschließend ergibt sich der Strom gemäß Gleichung (5.1-1) folgendermaßen:

  $$i_{Di} = I_S \left(e^{\frac{u_{Di}}{U_T}} - 1 \right)$$

Vereinfachte Abbruchbedingung

Bei der Anwendung des Newton-Verfahrens nähern sich mit zunehmender Schrittzahl *alle* in der Schaltung vorkommenden Spannungs- und Stromwerte den „richtigen" Werten. Das bedeutet, daß die Abbruchbedingung etwas vereinfacht werden könnte. Es müssen nicht unbedingt alle Diodenspannungen hinsichtlich ihrer Änderungen in aufeinanderfolgenden Iterationsschritten beobachtet werden. Es reicht vielmehr aus, die Änderung einer mehr oder weniger beliebig gewählten Knotenspannung u_k^m zu beobachten und folgende (von der Anzahl der in der Schaltung enthaltenen Dioden unabhängige) Abbruchbedingung zu formulieren:

$$\left|\frac{u_k^m - u_k^{m-1}}{u_k^{m-1}}\right| < \varepsilon \quad \text{für} \quad u_k^{m-1} \neq 0 \text{ V}$$

bzw.

$$\left|\frac{u_k^m}{1 \text{ V}}\right| < \varepsilon \quad \text{für} \quad u_k^{m-1} = 0 \text{ V}$$

5.5 Ergänzungen

Das Newton-Verfahren funktioniert, wie bereits erwähnt, nicht nur bei Dioden-schaltungen. Schaltungen mit anderen nichtlinearen Bauelementen (z.B. Varisto-ren) können ebenfalls mit dem beschriebenen Verfahren analysiert werden. Für eine Berechnung mit dem Computer sollten die Kennlinien der in Betracht gezo-genen nichtlinearen Bauelemente in Form mathematischer Funktionen vorliegen. Wenn von einer Kennlinie nur einzelne Stützpunkte (z.B. aus einer Messung gewonnen) vorliegen, müssen fehlende Punkte durch Interpolation bestimmt werden. Die Interpolation soll so durchgeführt werden, daß die dadurch gebildete Kurve einen möglichst stetigen, glatten Verlauf aufweist. Eine Möglichkeit, die-se Forderung zu erfüllen, bildet die Spline-Interpolation, vgl z.B. [8].

Das Newton-Verfahren führt nicht in jedem Fall zum Erfolg. Probleme treten beispielsweise auf, wenn eine nichtlineare Kennlinie so geformt ist, daß die Ar-beitsgerade mehrfach geschnitten wird. Man denke z.B. an Kennlinien von Tun-neldioden. In einem solchen Fall existieren mehrere Arbeitspunkte und man kann im Voraus nicht ohne weiteres sagen, welcher Arbeitspunkt ermittelt wird. De-tailliertere Hinweise zur Anwendbarkeit des Verfahrens, zu Schrittzahlen usw. finden sich in der Literatur, z.B. in [7] und [8]. Im vorliegenden Buch wird auf eine genaue Darstellung dieser „Feinheiten" verzichtet. Allerdings soll wieder ein Beispiel angeführt werden, um dem Leser eine gewisse Vorstellung vom Kon-vergenzverhalten des Newton-Verfahrens zu vermitteln.

Bild 5.5-1 zeigt eine bereits in Abschnitt 5.3 als Beispiel verwendete Schaltung. Mit Hilfe eines kleinen Rechenprogramms (es entspricht ziemlich genau dem in Abschnitt 5.3 bzw. 5.4 angegebenem Lösungsschema) können die Arbeitspunkte der Dioden D1 und D2 in Abhängigkeit von der erregenden Spannung u_e be-rechnet werden.

Das Programm geht von den Startspannungen $u_{D1}^0 = 0$ V und $u_{D2}^0 = 0$ V aus. Es arbeitet ohne Abbruchbedingung, es wird automatisch nach sieben Iterations-schritten beendet.

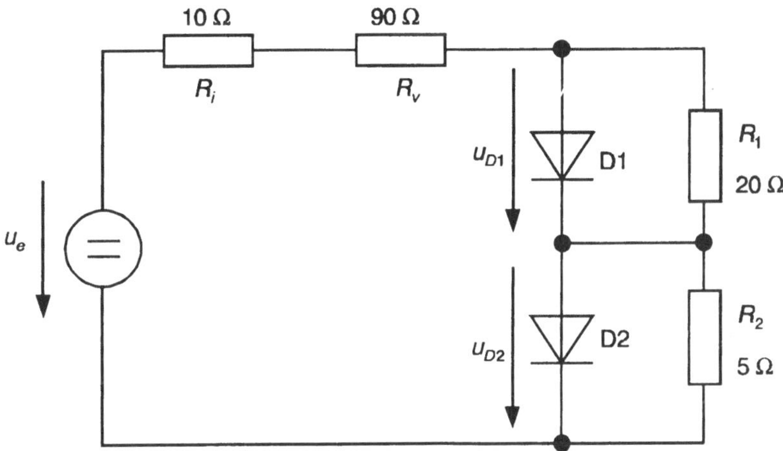

Bild 5.5-1 Schaltung zur Demonstration des Konvergenzverhaltens des Newton-Verfahrens

Das Ergebnis der Rechnung kann Tabelle 5.5-1 entnommen werden. Man erkennt, daß das verwendete Iterationsverfahren recht schnell konvergiert. Nach nur 2 bis 6 Iterationsschritten werden bereits immer wieder die gleichen Arbeitspunkte ausgegeben.

Bemerkenswert ist auch der Einfluß der erregenden Spannung u_e. Diese Spannung bestimmt die „Entfernung" der Startspannungen vom „richtigen" Arbeitspunkt und beeinflußt somit auch die Anzahl der notwendigen Iterationsschritte.

Tabelle 5.5-1 Konvergenzverhalten des Newton-Verfahrens, Beispiel Schaltung Bild 5.5-1

	m	Diodenspannungen in V u_{D1}^m	u_{D2}^m
$u_e = 1\,\text{V}$	0	0,00000000000	0,000000000000
	1	0,15999999871	0,039999999680
	2	0,15999999793	0,039999999716
	3	0,15999999793	0,039999999716
	4	0,15999999793	0,039999999716
	5	0,15999999793	0,039999999716
	6	0,15999999793	0,039999999716
	7	0,15999999793	0,039999999716
$u_e = 2\,\text{V}$	0	0,00000000000	0,000000000000
	1	0,31999999742	0,079999999359
	2	0,31999962551	0,080000017060
	3	0,31999962551	0,080000017061
	4	0,31999962551	0,080000017061
	5	0,31999962551	0,080000017061
	6	0,31999962551	0,080000017061
	7	0,31999962551	0,080000017061
$u_e = 3\,\text{V}$	0	0,00000000000	0,00000000000
	1	0,47999999613	0,11999999904
	2	0,47982616004	0,12000827690
	3	0,47982615616	0,12000827709
	4	0,47982615616	0,12000827709
	5	0,47982615616	0,12000827709
	6	0,47982615616	0,12000827709
	7	0,47982615616	0,12000827709
$u_e = 4\,\text{V}$	0	0,00000000000	0,00000000000
	1	0,63999999484	0,15999999872
	2	0,62023934836	0,16094098165
	3	0,61268297615	0,16130080889
	4	0,61198093505	0,16133423942
	5	0,61197592857	0,16133447782
	6	0,61197592832	0,16133447783
	7	0,61197592832	0,16133447783

Das Newton-Verfahren funktioniert, wie gezeigt, bei Schaltungen mit Dioden prinzipiell recht gut. Eine Schwierigkeit soll allerdings noch erwähnt werden:

Wenn die Arbeitsgerade und die im Rahmen des Iterationsverfahrens an die Diodenkennlinie anzulegende Tangente sehr flach verlaufen, liegt der Schnittpunkt dieser beiden Linien bzw. der entsprechende Arbeitspunkt auf der Diodenkennlinie bei höheren Spannungswerten. Bei der Bestimmung des Arbeitspunktstromes, vgl. Bild 5.5-2, können dann zu hohe, den Zahlenbereich des Rechners überschreitende Zahlenwerte auftreten. Das Problem kann dadurch gelöst werden, daß die im Verlauf des Iterationsprozesses auftretenden Diodenspannungen überprüft werden. Zu große Werte werden dann einfach reduziert. Damit konvergiert das Verfahren auch schneller, die unwahrscheinlichen, bei extrem hohen Spannungs- bzw. Stromwerten liegenden Arbeitspunkte werden einfach übersprungen. Man erreicht den „richtigen" Arbeitspunkt eher.

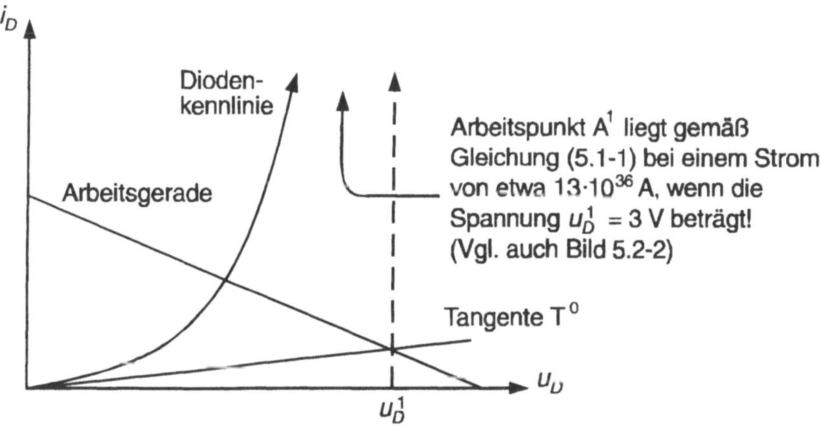

Bild 5.5-2 Gefahr der Zahlenbereichsüberschreitung beim rechnergestützten Newton-Verfahren

Zum Schluß dieses Abschnitts noch eine Bemerkung:

Bei der Erläuterung des Newton-Verfahrens in diesem Abschnitt wurde vorausgesetzt, daß die erregenden Quellen gleichförmige Ströme bzw. Spannungen liefern. Diese Voraussetzung ist aber nicht zwingend. Falls eine zu analysierende Widerstands-Dioden-Schaltung nichtgleichförmige Quellen enthält, könnte man mit Hilfe des Newton-Verfahrens die Systemgrößen einfach für aufeinanderfolgende Zeitpunkte berechnen und plotten. Der Rechenaufwand ist dabei relativ groß, da ja für jeden Zeitpunkt das Newton-Verfahren durchgeführt werden muß. Für den ersten Zeitpunkt wird man dabei wie üblich von mehr oder weniger beliebig gewählten Startspannungen ausgehen.

Bei den folgenden Newton-Durchläufen wird man als Startspannungen immer die im vorangegangenen Newton-Durchlauf ermittelten Diodenspannungen verwenden. Letztere liegen ja, zumindest bei stetigen zeitlichen Verläufen der Quellenströme bzw. -spannungen, in der Nähe der „richtigen" Werte, die Anzahl der jeweils notwendigen Iterationsschritte kann dadurch verringert werden.

6 Analyse nichtlinearer Schaltungen, bestehend aus Widerständen, Spulen, Kondensatoren, Dioden, Strom- und Spannungsquellen
– beliebige Erregung, Transientenanalyse –

6.1 Einführung

In diesem Abschnitt sollen Schaltungen untersucht werden, die folgende Bauelemente enthalten dürfen:

- Widerstände bzw. Leitwerte

- Spulen

- Kondensatoren

- Dioden

- Stromquellen

- Spannungsquellen mit Innenwiderständen

Die Widerstände, Spulen und Kondensatoren werden als ideal vorausgesetzt. Das bedeutet, daß wieder die bereits in Abschnitt 4.1 aufgeführten Bauelementegleichungen (4.1-1), (4.1-2) und (4.1-3) gelten.

Es wird ferner vorausgesetzt, daß die Kennlinien der Dioden exponentiell gemäß Gleichung (5.1-1) verlaufen.

Ebenfalls wie in den vorangegangenen Abschnitten werden nur reale Spannungsquellen, die Innenwiderstände aufweisen, zugelassen. Für die zeitlichen Verläufe der die Schaltung erregenden Ströme und Spannungen sind keine Einschränkungen vorgesehen.

Im folgenden soll gezeigt werden, daß eine Kombination des in Abschnitt 4 behandelten Euler-Verfahrens und des in Abschnitt 5 behandelten Newton-Verfahrens möglich ist. Damit können Schaltungen, die Energiespeicher und Dioden enthalten, auf reine Leitwert-Stromquellen-Ersatzschaltungen zurückgeführt werden. Diese Ersatzschaltungen können dann wieder mit Hilfe der in Abschnitt 3 behandelten Methoden – Knotenpotentialverfahren und Gauß-Algorithmus – analysiert werden.

6.2 Schaltungsanalyse mit Euler- und Newton-Verfahren

Mit Hilfe des Euler-Verfahrens können Schaltungen analysiert werden, die neben Leitwerten auch Energiespeicher enthalten. Dabei werden in (genügend eng) aufeinanderfolgenden Zeitpunkten t_1, t_2, ... die Energiespeicher durch Ersatz-Parallelschaltungen aus Leitwerten und Stromquellen ersetzt.

Wenn man Schaltungen betrachtet, die neben Energiespeichern auch Dioden enthalten, kann man das Euler-Verfahren ebenfalls anwenden. Zu jedem Zeitpunkt t_1, t_2, ... werden wie üblich die Energiespeicher durch entsprechende Ersatzschaltbilder ersetzt. Somit erhält man für die aufeinanderfolgenden Zeitpunkte t_1, t_2, ... Schaltungen, die ausschließlich aus Leitwerten, Stromquellen und Dioden bestehen. Diese Schaltungen können dann jedesmal, wie im vorigen Abschnitt gezeigt, mittels des Newton-Verfahrens berechnet werden.

Es scheint also prinzipiell möglich zu sein, das Euler-Verfahren und das Newton-Verfahren zu kombinieren oder besser gesagt „ineinander zu verschachteln", so daß Schaltungen mit Energiespeichern und Dioden analysiert werden können.

Die genaue Vorgehensweise bei dieser „Ineinanderschachtelung" soll anhand eines einfachen Beispiels erläutert werden. Der Leser dieses Buches sollte dabei immer die Inhalte der Abschnitte 4 und 5 (Euler- und Newton-Verfahren) vor Augen haben. Dann wird er das folgende Beispiel leicht verstehen können.

Beispiel: Schaltung mit Diode und Energiespeichern

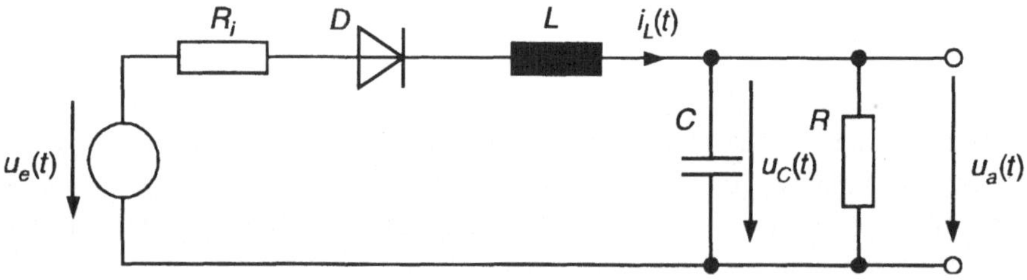

Gegeben:

R_i, R, L, C, Diodenkennlinie gemäß Gleichung (5.1-1)

$u_e(t)$-Verlauf für $t_0 \leq t \leq t_{end}$, z.B. sägezahnförmige Spannung, die zum Zeitpunkt t_0 aufgeschaltet wird:

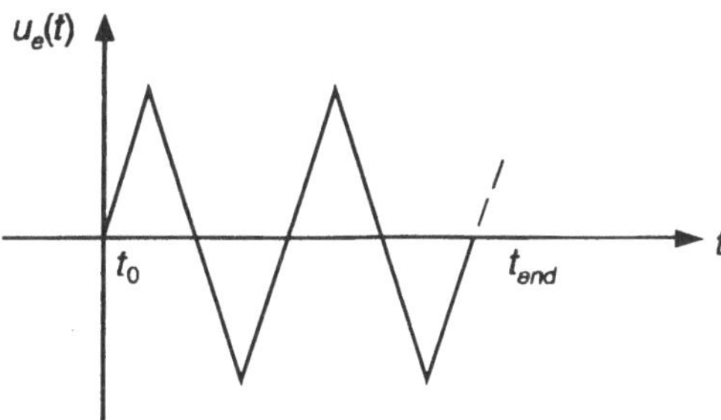

Anfangswerte $i_L(t_0)$, $u_C(t_0)$

Gesucht:

$u_a(t)$ für $t_0 \leq t \leq t_{end}$

Vorbereitungsschritte für die Lösung

— Spannungsquelle mit Innenwiderstand durch äquivalente Stromquelle ersetzen, alle Widerstandswerte in Leitwerte umrechnen ($G_i = 1/R_i$, $G = 1/R$)

— Bezugsknoten in der Schaltung wählen (0), restliche Schaltungsknoten fortlaufend nummerieren

— Anfangswerte für die Energiespeicher $i_L(t_0)$, $u_C(t_0)$ in eine *Anfangswertliste* eintragen

— Startspannung u_D^0 für die Diode vorgeben und in eine *Arbeitspunktliste* eintragen

— Schrittweit Δt für das Euler-Verfahren und Abbruchwert ε für das Newton-Verfahren wählen

— Spule und Kondensator durch Ersatzschaltungen gemäß Bild 4.4-1 ersetzen:

Spule L $\quad\Rightarrow\quad$ Leitwert $G_L = \Delta t/L$ // Stromquelle
Kondensator C $\Rightarrow$ Leitwert $G_C = C/\Delta t$ // Stromquelle
(den Stromquellen sind zunächst noch keine Werte zugeordnet)

— Diode durch lineares Ersatzschaltbild gemäß Bild 5.4-1 ersetzen:

Diode D $\quad\Rightarrow\quad$ Leitwert // Stromquelle
(dem Leitwert und der Stromquelle sind zunächst noch keine Werte zugeordnet)

Lösungsschritt 1 ($t_1 = t_0 + 1*\Delta t$)

- $u_e(t_1)$ ermitteln (berechnen oder aus Wertetabelle entnehmen)

- Ersatzschaltbild der Spule und des Kondensators für den Zeitpunkt t_1 spezifizieren

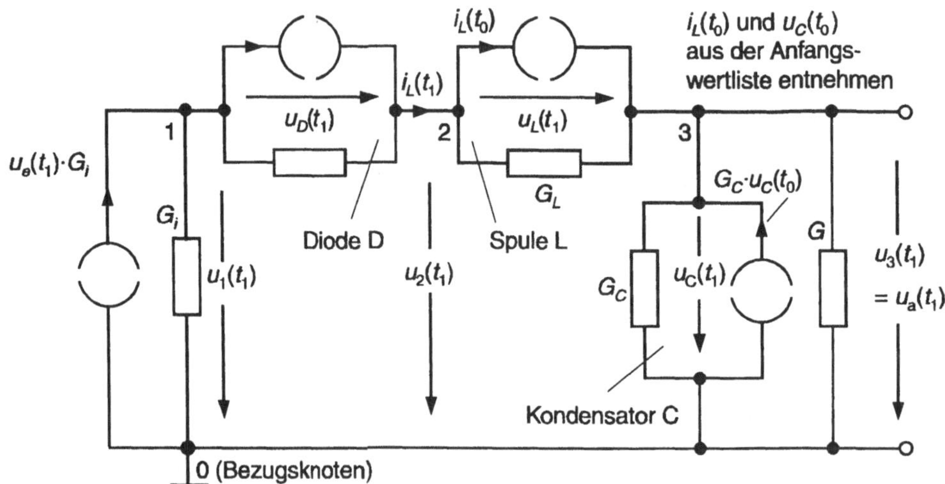

Das für den Zeitpunkt t_1 gültige Ersatzschaltbild enthält neben der Diode D (bzw. des entsprechenden linearen Ersatzschaltbildes mit noch unbestimmten Elementen) ausschließlich bekannte Leitwerte und Stromquellen und ist somit dem Newton-Verfahren zugänglich.

- Newton-Verfahren gemäß Abschnitt 5 in das Euler-Verfahren „einschachteln"

(Zur Erinnerung: In den aufeinanderfolgenden Iterationsschritten wird das lineare Ersatzschaltbild der Diode unter Zugrundelegung der Startspannung u_D^0 bzw. des im vorangegangenen Iterationsschritt berechneten Arbeitspunktes spezifiziert. Anschließend werden mit Hilfe des Knotenpotentialverfahrens und des Gauß-Algorithmus alle Knotenspannungen und der „neue" Arbeitspunkt berechnet. Das Verfahren wird beendet, wenn die Abbruchbedingung erfüllt ist)

- Gesuchte Größe unter Zugrundelegung der im letzten Iterationsschritt des Newton-Verfahrens ermittelten Knotenspannungen berechnen und plotten

$$u_a(t_1) = u_3(t_1)$$

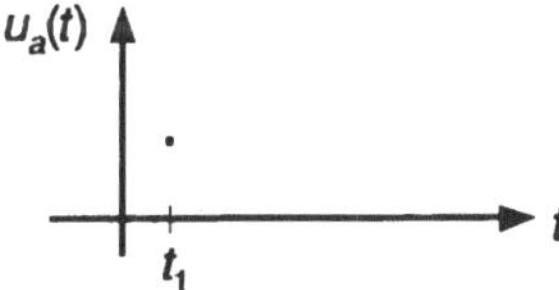

— Strom durch die Spule berechnen und in die Anfangswertliste eintragen (wird als neuer Anfangswert für den Lösungsschritt 2 benötigt)

$$i_L(t_1) = G_L\big(u_2(t_1) - u_3(t_1)\big) + i_L(t_0)$$

— Spannung am Kondensator berechnen und in die Anfangswertliste eintragen (wird als neuer Anfangswert für den Lösungsschritt 2 benötigt)

$$u_C(t_1) = u_3(t_1)$$

Lösungsschritt 2 $(t_2 = t_0 + 2*\Delta t)$

— $u_e(t_2)$ ermitteln (berechnen oder aus Wertetabelle entnehmen)

— Ersatzschaltbild der Spule und des Kondensators für den Zeitpunkt t_2 spezifizieren

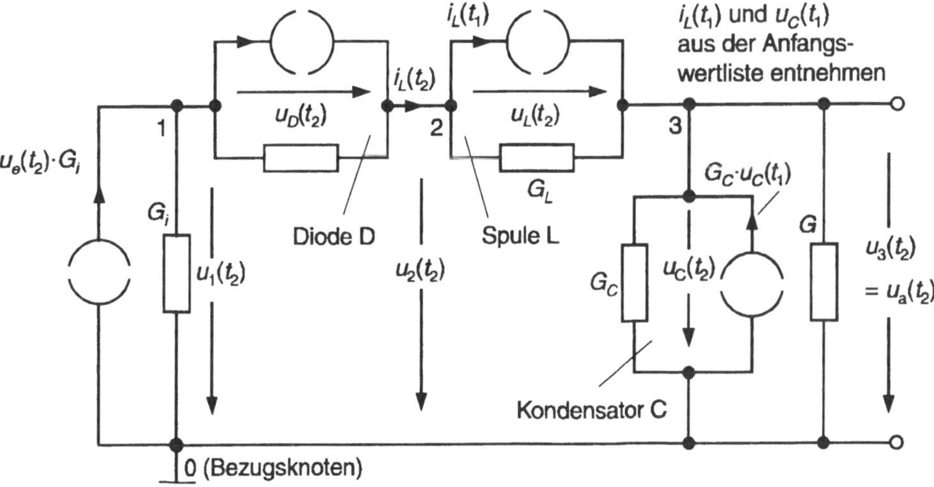

Das für den Zeitpunkt t_2 gültige Ersatzschaltbild enthält neben der Diode D (bzw. des entsprechenden linearen Ersatzschaltbildes mit noch unbestimmten Elementen) ausschließlich bekannte Leitwerte und Stromquellen und ist somit dem Newton-Verfahren zugänglich

- Newton-Verfahren gemäß Abschnitt 5 in das Euler-Verfahren „einschachteln"

  (Eine Bemerkung: Man geht nicht wieder von der im Vorbereitungsschritt vorgegebenen Startspannung aus. Man benützt vielmehr als Startspannung die Diodenspannung, die im Lösungsschritt 1 im letzten Iterationsschritt des Newton-Verfahrens berechnet und in der Arbeitspunktliste abgelegt wurde. Diese Spannung liegt mit großer Wahrscheinlichkeit näher an der „richtigen" Spannung als die ursprüngliche Startspannung, das Newton-Verfahren konvergiert schneller)

- Gesuchte Größe unter Zugrundelegung der im letzten Iterationsschritt des Newton-Verfahrens ermittelten Knotenspannungen berechnen und plotten

$$u_a(t_2) = u_3(t_2)$$

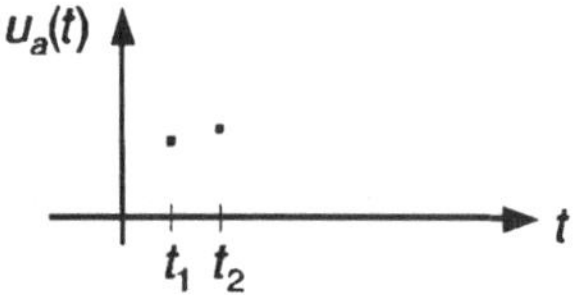

- Strom durch die Spule berechnen und in die Anfangswertliste eintragen (wird als neuer Anfangswert für den Lösungsschritt 3 benötigt)

$$i_L(t_2) = G_L\big(u_2(t_2) - u_3(t_2)\big) + i_L(t_1)$$

- Spannung am Kondensator berechnen und in die Anfangswertliste eintragen (wird als neuer Anfangswert für den Lösungsschritt 3 benötigt)

$$u_C(t_2) = u_3(t_2)$$

Lösungsschritt 3, 4, ...   **_($t_3 = t_0 + 3*\Delta t$, $t_4 = t_0 + 4*\Delta t$, ...)_**

Das Verfahren wird, wie in den Lösungsschritten 1 und 2 beschrieben, weitergeführt. Es wird beendet, wenn $t_n \geq t_{end}$ gilt.

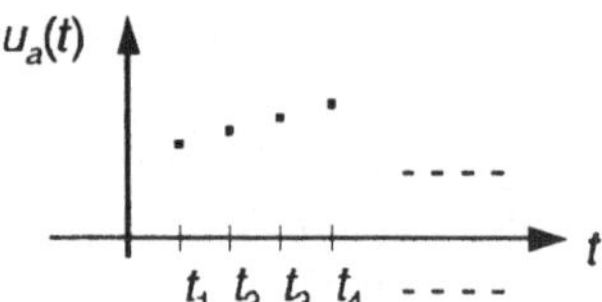

Ersatzschaltbild für den n-ten Lösungsschritt –
Zeitpunkt t_n / Iterationsschritt m

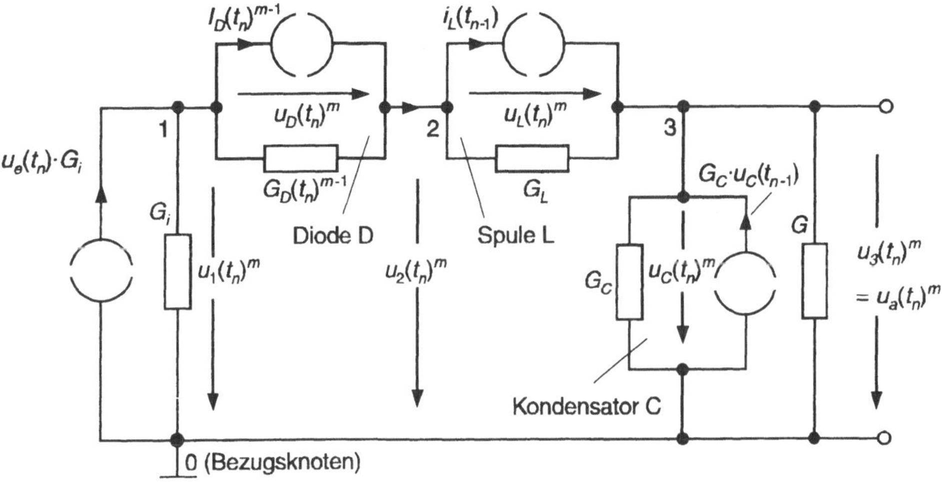

Im nächsten Abschnitt wird das „ineinandergeschachtelte" Euler- und Newton-Verfahren verallgemeinert in Form eines Struktogramms dargestellt.

6.3 Zusammenfassung

Allgemeines

Mit Hilfe des Euler- und Newton-Verfahrens, des Knotenpotentialverfahrens und des Gauß-Algorithmus können Transientenanalysen von Schaltungen durchgeführt werden, die aus Widerständen, Spulen, Kondensatoren, Dioden, Strom- und Spannungsquellen bestehen. Die Spannungsquellen müssen Innenwiderstände aufweisen. Die erregenden Spannungen und/oder Ströme können beliebige zeitliche Verläufe aufweisen.

Ersatzschaltbilder für Energiespeicher und Dioden

Im Rahmen des Euler- und Newton-Verfahrens werden alle Energiespeicher und Dioden in der Schaltung durch lineare Parallel-Ersatzschaltbilder aus Leitwerten und Stromquellen gemäß Bild 6.3-1 ersetzt.

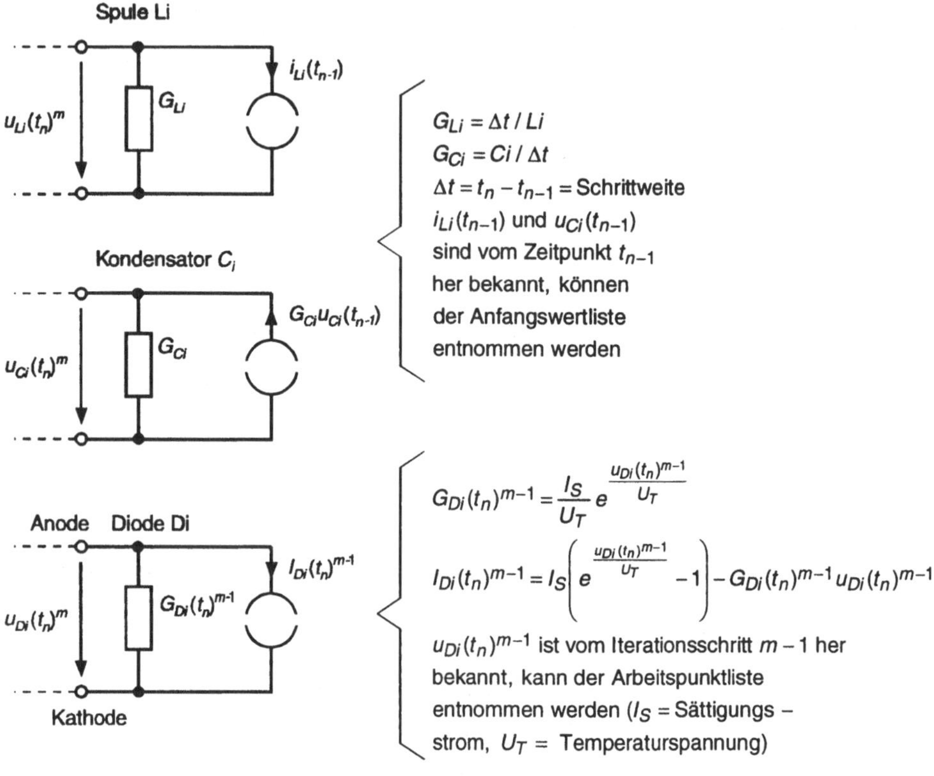

$$G_{Li} = \Delta t \,/\, Li$$
$$G_{Ci} = Ci \,/\, \Delta t$$
$$\Delta t = t_n - t_{n-1} = \text{Schrittweite}$$

$i_{Li}(t_{n-1})$ und $u_{Ci}(t_{n-1})$
sind vom Zeitpunkt t_{n-1}
her bekannt, können
der Anfangswertliste
entnommen werden

$$G_{Di}(t_n)^{m-1} = \frac{I_S}{U_T}\, e^{\frac{u_{Di}(t_n)^{m-1}}{U_T}}$$

$$I_{Di}(t_n)^{m-1} = I_S\left(e^{\frac{u_{Di}(t_n)^{m-1}}{U_T}} - 1\right) - G_{Di}(t_n)^{m-1}\, u_{Di}(t_n)^{m-1}$$

$u_{Di}(t_n)^{m-1}$ ist vom Iterationsschritt $m-1$ her
bekannt, kann der Arbeitspunktliste
entnommen werden (I_S = Sättigungs –
strom, U_T = Temperaturspannung)

Bild 6.3-1 Ersatzschaltbilder für Spule, Kondensator und Diode nach dem Euler- bzw. Newton-Verfahren, gültig für den Zeitpunkt t_n/Iterationsschritt m

Vorbereitung der Schaltungsanalyse

– Schaltung in den Rechner eingeben, Verbindungsliste erzeugen

– Zeitliche Verläufe der erregenden Ströme, Spannungen spezifizieren (über Gleichungen oder Wertetabellen)

– Evtl. in der Schaltung vorhandene Spannungsquellen mit Innenwiderständen durch äquivalente Stromquellen ersetzen, alle Widerstandswerte in Leitwerte umrechnen, Verbindungsliste entsprechend ändern

– Bezugsknoten in der Schaltung wählen (0), restliche Schaltungsknoten fortlaufend nummerieren (1, 2, ..., k, ..., $k$max), Verbindungsliste entsprechend ändern

- Datenfelder für die im Rahmen des Knotenpotentialverfahrens und des Gauß-Algorithmus zu berechnenden Ströme, Koeffizienten und Spannungen reservieren (Stromspalte, Koeffizientenmatrix, Spannungsspalte, vgl. Abschnitt 3)

- Datenfelder für Anfangswerte, Arbeitspunkte und Parameter – Anfangswertliste, Arbeitspunktliste, Parameterliste – reservieren

- Anfangswerte $i_{L1}(t_0)$, $i_{L2}(t_0)$, ..., $u_{C1}(t_0)$, $u_{C2}(t_0)$, ... für alle Spulen und Kondensatoren in die Anfangswertliste eintragen

- Startspannungen u_{D1}^0, u_{D2}^0, ... für alle Dioden wählen und in die Arbeitspunktliste eintragen

- Beginn der Simulation t_0, Ende der Simulation t_{end}, Schrittweite Δt, Abbruchwert ε wählen und in die Parameterliste eintragen

- Alle in der Schaltung enthaltenen Spulen und Kondensatoren durch Ersatzschaltbilder gemäß Bild 6.3-1 ersetzen:

  Spule Li $\Rightarrow$ Leitwert $G_{Li} = \Delta t / Li$ // Stromquelle

  Kondensator Ci $\Rightarrow$ Leitwert $G_{Ci} = Ci / \Delta t$ // Stromquelle
  (den Stromquellen sind zunächst noch keine Werte zugeordnet)
  Verbindungsliste entsprechend ändern

- Alle in der Schaltung enthaltenen Dioden durch ihre linearen Ersatzschaltbilder gemäß Bild 6.3-1 ersetzen:

  Diode Di $\Rightarrow$ Leitwert // Stromquelle
  (den Leitwerten und Stromquellen werden zunächst noch keine Werte zugeordnet)
  Verbindungsliste entsprechend ändern

Durchführung der Schaltungsanalyse

Übersicht:

$n := 0$

> $n := n + 1$
>
> $t_n := t_0 + n * \Delta t$
>
> Werte der erregenden Quellen für den Zeitpunkt t_n ermitteln (aus Gleichungen bzw. Wertetabellen), in die Verbindungsliste eintragen
>
> Anfangswerte $i_{Li}(t_{n-1})$ für die Spulen aus der Anfangswertliste entnehmen, in die Verbindungsliste zur Spezifizierung der entsprechenden Ersatzstromquellen eintragen (vgl. Bild 6.3-1)
>
> Anfangswerte $u_{Ci}(t_{n-1})$ für die Kondensatoren aus der Anfangswertliste entnehmen, mit G_{Ci} multiplizieren, Produkte in die Verbindungsliste zur Spezifizierung der entsprechenden Ersatzstromquellen eintragen (vgl. Bild 6.3-1)

> Mit Hilfe des Newton-Verfahrens (und des im Newton-Verfahren integrierten Knotenpotentialverfahrens sowie des ebenfalls im Newton-Verfahren integrierten Gauß-Algorithmus) alle Knotenspannungen berechnen
>
> $\Rightarrow$ vgl. Unterprogramm „Newton-Verfahren"

> Gesuchte Größe über die Knotenspannungen berechnen und plotten
>
> 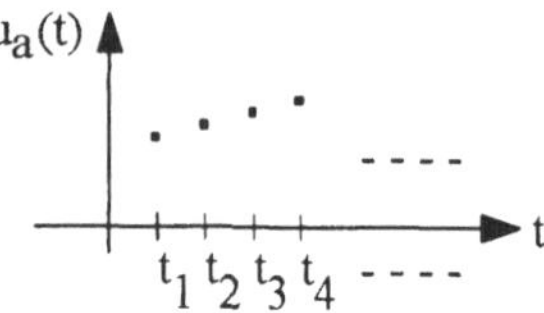
>
> Wenn $t_n < t_{end}$ gilt:
>
> > Vorbereiten des nächsten Lösungsschrittes:
> >
> > – Ströme durch alle Spulen berechnen
> >
> > $$i_{Li}(t_n) := G_{Li} \cdot u_{Li}(t_n) + i_{Li}(t_{n-1})$$
> >
> > Spulenströme in die Anfangswertliste eintragen
> >
> > – Spannungen $u_{Ci}(t_n)$ an allen Kondensatoren berechnen und ebenfalls in die Anfangswertliste eintragen

Wiederholen, solange $t < t_{end}$ gilt

Unterprogramm „Newton-Verfahren":

$m := 0$

$m := m + 1$

Ersatzleitwerte und Ersatzstromquellen für alle Dioden berechnen, in die Verbindungsliste eintragen (vgl. Bild 6.3-1)

$$G_{Di}(t_n)^{m-1} := \frac{I_S}{U_T} e^{\frac{u_{Di}(t_n)^{m-1}}{U_T}}$$

$$I_{Di}(t_n)^{m-1} := I_S \left(e^{\frac{u_{Di}(t_n)^{m-1}}{U_T}} - 1 \right) - G_{Di}(t_n)^{m-1} u_{Di}(t_n)^{m-1}$$

$u_{Di}(t_n)^{m-1}$ aus Arbeitspunktliste entnehmen

Knotenspannungen $u_1(t_n)^m$, $u_2(t_n)^m$, ... mit Hilfe des Knotenpotentialverfahrens und des Gauß-Algorithmus berechnen (vgl. Abschnitt 3.3 bzw. 3.5)

Spannungen $u_{Di}(t_n)^m$ an allen Dioden berechnen

Abbruchbedingung prüfen:

$$\ldots \left| \frac{u_{Di}(t_n)^m - u_{Di}(t_n)^{m-1}}{u_{Di}(t_n)^{m-1}} \right| < \varepsilon \quad \text{bzw.} \quad \left| \frac{u_{Di}(t_n)^m}{1\,\text{V}} \right| < \varepsilon \quad \ldots$$

Spannungen $u_{Di}(t_n)^m$ in die Arbeitspunktliste eintragen

Wiederholen, solange Abbruchbedingung nicht erfüllt ist

Berechnung von Zweigspannungen und Zweigströmen

Mit Hilfe des Euler- und Newton-Verfahrens, des Knotenpotentialverfahrens und des Gauß-Algorithmus werden zunächst nur die Knotenspannungen der in Betracht gezogenen Schaltung für aufeinanderfolgende Zeitpunkte t_1, t_2, ... , t_n, ... bzw. aufeinanderfolgende Iterationsschritte 1, 2, ... , m, ... berechnet. Die Zweigspannungen (z.B. die im Rahmen des Euler-Verfahrens zu berechnenden

Spulen- und Kondensatorspannungen, die im Rahmen des Newton-Verfahrens zu berechnenden Diodenspannungen bzw. die gesuchte Größe) können dann aber sehr leicht als Differenzen zweier Knotenspannungen angegeben werden. Falls die gesuchte Größe ein Zweigstrom ist, muß allerdings etwas mehr gerechnet werden. Vier Fälle sind zu unterscheiden:

– *Fall 1:* Ermittlung des Stromes $i_{Gi}(t_n)$ durch einen Leitwert Gi

Dazu muß zunächst die am Leitwert Gi liegende Spannung $u_{Gi}(t_n)$ bestimmt werden. Anschließend ergibt sich der Strom gemäß des Ohmschen Gesetzes folgendermaßen:

$$i_{Gi}(t_n) = Gi \; u_{GI}(t_n)$$

– *Fall 2:* Ermittlung des Stromes $i_{Li}(t_n)$ durch eine Spule Li

Dazu muß zunächst die an der Spule liegende Spannung $u_{Li}(t_n)$ bestimmt werden. Anschließend ergibt sich der Strom gemäß Bild 6.3-1 folgendermaßen:

$$i_{Li}(t_n) = G_{Li} \; u_{Li}(t_n) + i_{Li}(t_{n-1})$$

$i_{Li}(t_{n-1})$ wird der Anfangswertliste entnommen.

(Dieser Fall ist im vorstehenden Struktogramm bereits behandelt worden, die Spulenströme müssen ja im Rahmen der Vorbereitung des nächsten Lösungsschrittes sowieso berechnet werden)

– *Fall 3:* Ermittlung des Stromes $i_{Ci}(t_n)$ durch einen Kondensator Ci

Dazu muß zunächst die am Kondensator liegende Spannung $u_{Ci}(t_n)$ bestimmt werden. Anschließend ergibt sich der Strom gemäß Bild 6.3-1 folgendermaßen:

$$i_{Ci}(t_n) = G_{Ci} \; u_{Ci}(t_n) - G_{Ci} \; u_{Ci}(t_{n-1})$$

$u_{Ci}(t_{n-1})$ wird der Anfangswertliste entnommen

– *Fall 4:* Ermitteln des Stromes $i_{Di}(t_n)$ durch eine Diode Di

Dazu muß zunächst die an der Diode liegende Spannung $u_{Di}(t_n)$ ermittelt werden. Anschließend ergibt sich der Strom gemäß Gleichung (5.1-1) folgendermaßen:

$$i_{Di}(t_n) = I_S \left(e^{\frac{u_{Di}(t_n)}{U_T}} - 1 \right)$$

6.4 Ergänzungen

In den Abschnitten 6.1 bis 6.3 ist dargestellt worden, wie das Euler- und Newton-Verfahren kombiniert werden können. Genauigkeit, Rechenzeit und Konvergenzverhalten des „Kombinationsverfahrens" hängen von vielen Parametern ab. Die Genauigkeit und die Rechenzeit werden besonders stark von der Schrittweite Δt des Euler-Verfahrens und dem Abbruchwert ε des Newton-Verfahrens beeinflußt. Einige Hinweise zur Genauigkeit, zur Rechenzeit und zum Konvergenzverhalten können den Abschnitten 4.5 und 5.5 entnommen werden. Man beachte insbesondere die Tabellen 4.5-1 und 5.5-1. Weitere Details sind der Literatur, z.B. [7] oder [8], zu entnehmen.

Wie schon im Abschnitt 6.2 im Rahmen des Beispiels „Schaltung mit Diode und Energiespeichern" erwähnt, werden als Startspannungen für das in jedem Euler-Schritt eingeschachtelte Newton-Verfahren immer die im vorangegangenen Euler-Schritt berechneten Diodenspannungen verwendet. Diese Spannungen liegen, zumindest bei einem stetigen Verlauf der die Schaltung erregenden Spannungen und Ströme, schon in der Nähe der jeweils zu berechnenden „richtigen" Spannungen. Damit ist die Anzahl der notwendigen Iterationsschritte viel geringer, als wenn man immer von den ursprünglich gewählten Startspannungen ausgehen würde.

7 Erweiterung der vorgestellten Analysemethoden, Berücksichtigung von Operationsverstärkern

7.1 Einführung

Mit Hilfe der in den vorangegangenen Abschnitten beschriebenen Methoden und Verfahren können lineare und nichtlineare Schaltungen analysiert werden. Dabei sind bisher allerdings immer nur relativ einfache Schaltungen, die lediglich Widerstände, Spulen, Kondensatoren, Dioden, Strom- und Spannungsquellen enthalten durften, in Betracht gezogen worden.

Wie können nun weitere Bauelemente in die bisher behandelten Analyseverfahren integriert werden? Eine Möglichkeit besteht darin, „neue" Bauelemente durch geeignete *Modelle* zu ersetzen. Unter Modellen versteht man Ersatzschaltbilder, die das Verhalten der modellierten Bauelemente genügend genau wiedergeben und die aus „bekannten", d.h. bereits in die Verfahren eingebundenen Bauelementen zusammengesetzt sind.

Diese Vorgehensweise soll im folgenden etwas genauer anhand des Beispiels „Operationsverstärker" dargestellt werden. Ein sehr einfaches Modell für dieses relativ komplexe Bauelement wird in Abschnitt 7.2 vorgestellt. Das Modell enthält neben zwei Widerständen bzw. Leitwerten nur noch eine spannungsgesteuerte Quelle. Derartige Quellen sind allerdings in den vorangegangenen Abschnitten noch nicht berücksichtigt worden. Mit Hilfe des in Abschnitt 3 behandelten Knotenpotentialverfahrens ist aber eine Behandlung gesteuerter Quellen leicht möglich. Die dazu notwendige Verfahrensweise wird in Abschnitt 7.3 ausführlich erläutert. Selbstverständlich kann das gemäß Abschnitt 7.3 für die Behandlung gesteuerter Quellen „getrimmte" Knotenpotentialverfahren wie üblich mit dem Gauß-Algorithmus, dem Euler- und dem Newton-Verfahren gekoppelt werden.

7.2 Einfaches Operationsverstärker-Modell

Ein Operationsverstärker dient der linearen Verstärkung von Gleich- und Wechselspannungen. Er besteht meist aus einer integrierten Schaltung, die eine Vielzahl von Transistoren, Widerständen und Dioden enthält. Das Klemmenverhalten eines solchen Verstärkers kann allerdings sehr einfach durch das in Bild 7.2-1 dargestellte Modell „simuliert" werden.

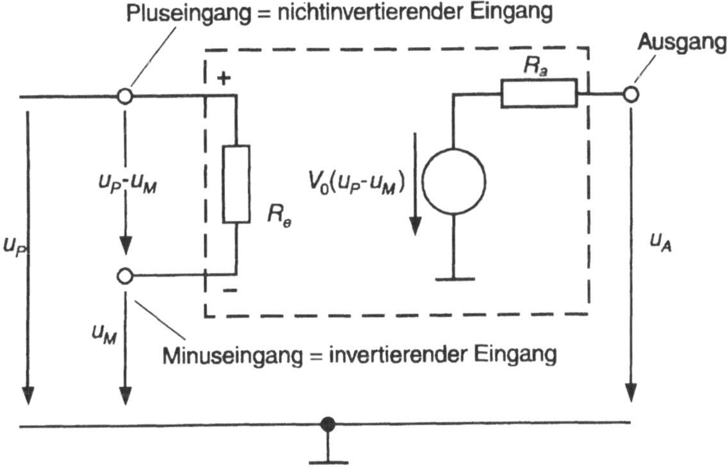

Bild 7.2-1 Einfaches Modell eines Operationsverstärkers mit spannungsgesteuerter Spannungsquelle

Die Verstärkung des realen Operationsverstärkers ist im Modell über eine gesteuerte Spannungsquelle nachgebildet. Steuernde Größe ist dabei die mit einem Proportionalitätsfaktor V_0 multiplizierte Eingangsgröße $u_P - u_M$. Der Proportionalitätsfaktor V_0 stellt die Leerlaufverstärkung des Operationsverstärkers dar. Eingangs- und Ausgangswiderstand des realen Operationsverstärkers werden im Modell durch die Widerstände R_e und R_a verkörpert.

Für einen typischen Operationsverstärker, z.B. den μA741, gelten etwa folgende Werte:

$$V_0 \approx 200000,\ R_e \approx 2\text{M}\Omega,\ R_a \approx 75\ \Omega.$$

Das Modell ist sehr einfach, deshalb hat es auch einige Mängel. Folgende Eigenschaften realer Operationsverstärker werden nicht berücksichtigt:

– Frequenzabhängigkeit der Verstärkung

– Begrenzte Aussteuerbarkeit (die Ausgangsspannung eines realen Operationsverstärkers ist durch die positive und negative Versorgungsspannung begrenzt. Die Versorgungsspannungen werden im Modell überhaupt nicht berücksichtigt!)

– Gleichtaktverstärkung, Driftprobleme usw.

Trotz dieser Mängel soll das in Bild 7.2-1 dargestellte Modell in den folgenden Betrachtungen zugrundegelegt werden, allerdings in einer etwas anderen Form. Da wir das Knotenpotentialverfahren anwenden wollen, müssen wir die im Operationsverstärker-Modell gemäß Bild 7.2-1 vorhandene Spannungsquelle mit Innenwiderstand in eine äquivalente Stromquelle wandeln. Wenn wir dies tun und zusätzlich noch die Widerstände R_e und R_a durch Leitwerte $G_e = 1/R_e$ und $G_a = 1/R_a$ ausdrücken, gelangen wir zu dem in Bild 7.2-2 dargestellten Operationsverstärker-Modell. Auf dieses Modell wird im folgenden stets zurückgegriffen. In Abschnitt 7.5 werden allerdings noch einige Vorschläge unterbreitet, die zu einem realistischeren Operationsverstärker-Modell führen.

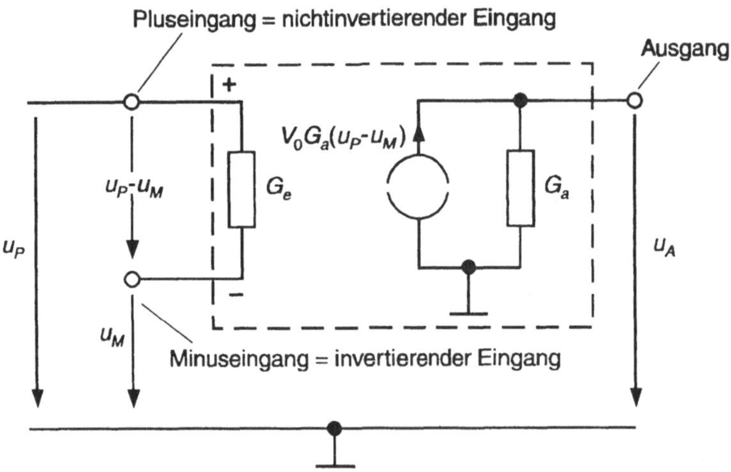

Bild 7.2-2 Einfaches Modell eines Operationsverstärkers mit spannungsgesteuerter Stromquelle, vorbereitet für das Knotenpotentialverfahren

7.3 Knotenpotentialverfahren, Integration des Operationsverstärker-Modells

Das im vorigen Abschnitt beschriebene Operationsverstärker-Modell enthält ein bisher nicht berücksichtigtes Element, eine einseitig geerdete, spannungsgesteuerte Stromquelle. Es wurde aber bereits erwähnt, daß mit Hilfe des in Abschnitt 3 beschriebenen Knotenpotentialverfahrens auch eine Behandlung von Schaltungen, die derartige Quellen enthalten, möglich ist. Wie man dabei vorgeht, soll anhand eines speziellen Beispiels demonstriert werden. Die dabei gewonnenen Erkenntnisse können anschließend leicht verallgemeinert werden.

Beispiel: Schaltung mit Operationsverstärker

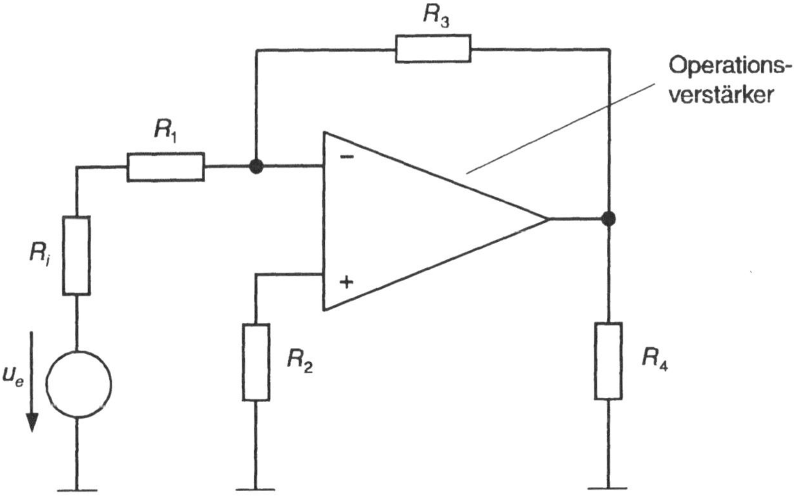

Gegeben:

Erregende Spannung u_e, Widerstände R_i, R_1, ... , R_4, Eingangswiderstand R_e,

Ausgangswiderstand R_a und Leerlaufverstärkung V_0 des Operationsverstärkers

Gesucht:

Gleichungssystem für alle Knotenspannungen der Schaltung

Ersatzschaltung:

Die ursprüngliche Schaltung soll zunächst in eine für die Anwendung des Knotenpotentialverfahrens geeignete Ersatzschaltung umgewandelt werden. (Spannungsquelle mit Innenwiderstand durch äquivalente Stromquelle ersetzen, Operationsverstärker durch Modell gemäß Bild 7.2-2 ersetzen, Widerstandswerte in Leitwerte umrechnen, Bezugsknoten (0) wählen und restliche Schaltungsknoten fortlaufend nummerieren.)

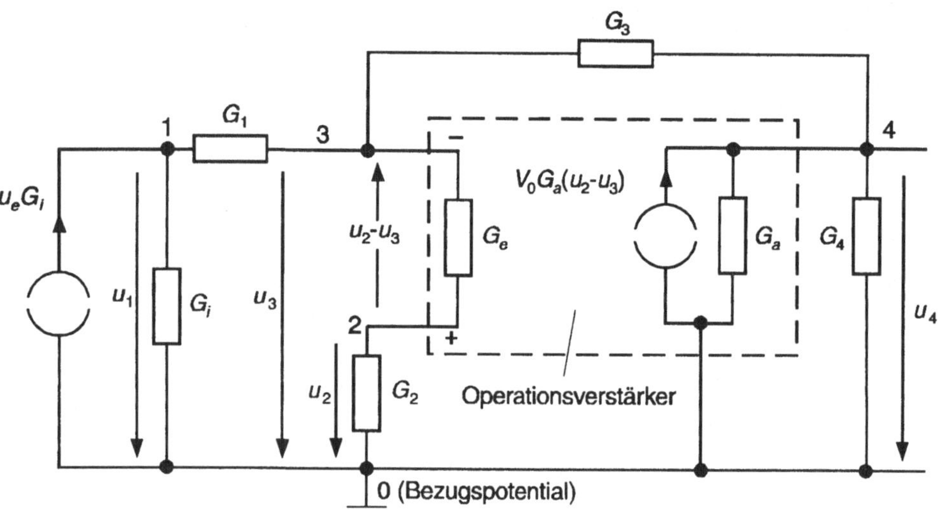

Lösung mit Hilfe des Knotenpotentialverfahrens

Wir wollen die Schaltung zunächst *ohne* Berücksichtigung der gesteuerten Stromquelle betrachten. Die Schaltung hat neben dem Bezugsknoten vier weitere Knoten. Das gesuchte Gleichungssystem für die Knotenspannungen besteht deshalb aus vier Gleichungen. In vereinfachter Matrizenschreibweise sieht das Gleichungssystem prinzipiell folgendermaßen aus:

$$
\begin{matrix}
\text{Knoten 1:} \\
\text{Knoten 2:} \\
\text{Knoten 3:} \\
\text{Knoten 4:}
\end{matrix}
\begin{bmatrix} i_{Q1} \\ i_{Q2} \\ i_{Q3} \\ i_{Q4} \end{bmatrix}
=
\begin{bmatrix}
a_{1,1} & a_{1,2} & a_{1,3} & a_{1,4} \\
a_{2,1} & a_{2,2} & a_{2,3} & a_{2,4} \\
a_{3,1} & a_{3,2} & a_{3,3} & a_{3,4} \\
a_{4,1} & a_{4,2} & a_{4,3} & a_{4,4}
\end{bmatrix}
\cdot
\begin{bmatrix} u_1 \\ u_2 \\ u_3 \\ u_4 \end{bmatrix}
\tag{7.3-1}
$$

$$
\begin{matrix}
\text{Stromspalte} & \text{Koeffizientenmatrix} & \text{Spannungsspalte} \\
i_{Qk} & a_{z,s} = a_{zeile,spalte} & u_k
\end{matrix}
$$

Die Strömc i_{Qk}, die Diagonalkoeffizienten $a_{k,k}$ $(z = s = k)$ und die Nicht-Diagonalkoeffizienten $a_{z,s}$ $(z \neq s)$ können mit Hilfe der in Abschnitt 3 ermittelten Bildungsgesetze sofort spezifiziert werden:

i_{Qk} = Summe der Quellenströme am Knoten k
$i_{Q1} = u_e G_i$, $i_{Q2} = 0$, $i_{Q3} = 0$, $i_{Q4} = 0$

$a_{k,k}$ = Summe der Leitwerte am Knoten k
$a_{1,1} = G_i + G_1$, $a_{2,2} = G_2 + G_e$, ...

$a_{z,s}$ = − (Summe der Leitwerte zwischen Knoten z und Knoten s)
$a_{1,2} = 0$, $a_{1,3} = -G_1$, ...

Was ändert sich nun am Gleichungssystem (7.3-1), wenn die gesteuerte Stromquelle mit berücksichtigt wird? Offensichtlich ändert sich dann nur die Eintragung in der 4-ten Zeile der Stromspalte. Dort muß zum ursprünglichen Strom i_{Q4} der Strom

$$V_0 G_a \left(u_2 - u_3 \right) = V_0 G_a u_2 - V_0 G_a u_3$$

addiert werden. Gleichungssystem (7.3-1) geht also bei Berücksichtigung der gesteuerten Stromquelle in das Gleichungssystem (7.3-2) über:

$$
\begin{array}{l}
\text{Knoten 1:} \\
\text{Knoten 2:} \\
\text{Knoten 3:} \\
\text{Knoten 4:}
\end{array}
\begin{bmatrix}
i_{Q1} \\
i_{Q2} \\
i_{Q3} \\
i_{Q4} + V_0 G_a u_2 - V_0 G_a u_3
\end{bmatrix}
=
\begin{bmatrix}
a_{1,1} & a_{1,2} & a_{1,3} & a_{1,4} \\
a_{2,1} & a_{2,2} & a_{2,3} & a_{2,4} \\
a_{3,1} & a_{3,2} & a_{3,3} & a_{3,4} \\
a_{4,1} & a_{4,2} & a_{4,3} & a_{4,4}
\end{bmatrix}
\cdot
\begin{bmatrix}
u_1 \\
u_2 \\
u_3 \\
u_4
\end{bmatrix}
\qquad (7.3\text{-}2)
$$

Die Terme $+V_0 G_a u_2$ und $-V_0 G_a u_3$ können auf die rechte Seite des Gleichungssystems „verschoben" werden. Man erhält dann das System (7.3-3):

$$
\begin{array}{l}
\text{Knoten 1:} \\
\text{Knoten 2:} \\
\text{Knoten 3:} \\
\text{Knoten 4:}
\end{array}
\begin{bmatrix} i_{Q1} \\ i_{Q2} \\ i_{Q3} \\ i_{Q4} \end{bmatrix}
=
$$

$$
=
\begin{bmatrix}
a_{1,1} & a_{1,2} & a_{1,3} & a_{1,4} \\
a_{2,1} & a_{2,2} & a_{2,3} & a_{2,4} \\
a_{3,1} & a_{3,2} & a_{3,3} & a_{3,4} \\
a_{4,1} & a_{4,2} - \mathbf{V_0\,G_a} & a_{4,3} + \mathbf{V_0\,G_a} & a_{4,4}
\end{bmatrix}
\cdot
\begin{bmatrix} u_1 \\ u_2 \\ u_3 \\ u_4 \end{bmatrix}
\tag{7.3-3}
$$

Wenn man die Gleichungssysteme (7.3-1) und (7.3-3) vergleicht, erkennt man: Wenn in einer Schaltung ein Operationsverstärker-Modell enthalten ist, kann das Knotenpotentialverfahren wie in Abschnitt 3 beschrieben angewendet werden, jedoch zunächst ohne Berücksichtigung der gesteuerten Quelle. Anschließend müssen zwei der auf diese Weise berechneten Koeffizienten ($a_{4,2}$ und $a_{4,3}$) modifiziert, d.h. mit $-V_0G_a$ bzw. $+V_0G_a$ beaufschlagt werden, um den Einfluß der gesteuerten Quelle in das Gleichungssystem einfließen zu lassen.

Die zu modifizierenden Koeffizienten liegen in Zeile 4 / Spalte 2 und Zeile 4 / Spalte 3 des Gleichungssystems. Diese Zeilen bzw. Spalten entsprechen den Knoten, an denen der Operationsverstärker bzw. das entsprechende Modell angebunden ist. Dieser Sachverhalt soll durch Bild 7.3-1 illustriert werden.

Anhand von Bild 7.3-1 ist zu erkennen:

Die *gesteuerte Stromquelle* liegt zwischen Bezugsknoten und *Ausgang*. Der Ausgang ist in unserem Beispiel mit *Knoten* 4 verbunden. Entsprechend liegen die zu modifizierenden Koeffizienten in *Zeile* 4 des Gleichungssystems.

Die *steuernde Spannung* liegt zwischen *Pluseingang und Minuseingang*. Pluseingang und Minuseingang sind in unserem Beispiel mit *Knoten* 2 *und Knoten* 3 verbunden. Entsprechend liegen die zu modifizierenden Koeffizienten in *Spalte* 2 *und Spalte* 3 des Gleichungssystems.

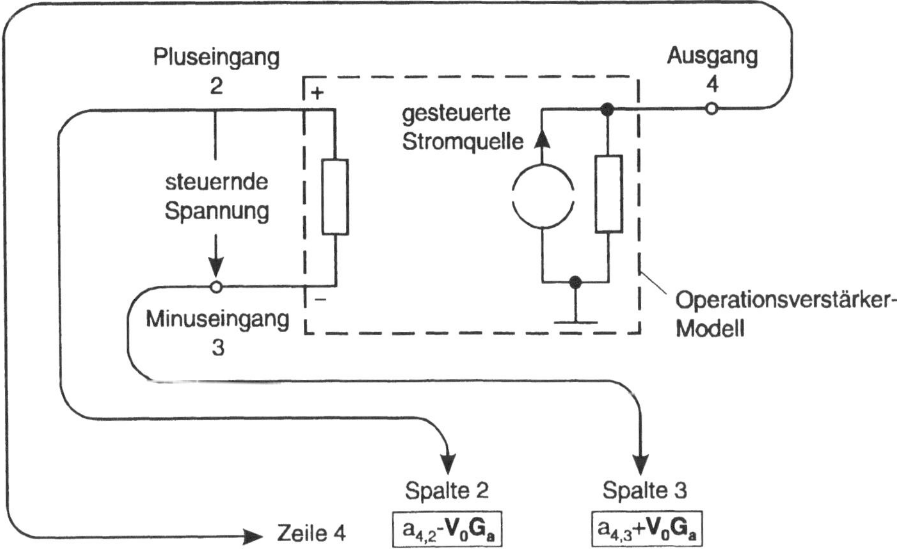

Bild 7.3-1 Einfluß der gesteuerten Stromquelle im Operationsverstärker-Modell
auf das Gleichungssystem

Am gerade vorgeführten speziellen Beispiel ist demonstriert worden, wie das
Gleichungssystem für eine Schaltung mit einem Operationsverstärker aufgestellt
werden kann. Im folgenden soll die Vorgehensweise noch einmal wiederholt und
gleichzeitig etwas verallgemeinert werden. Dabei wird eine Darstellungsform
angestrebt, die bereits eine gewisse Vorstellung von einer programmtechnischen
Realisierung vermittelt.

Zunächst ein grober Überblick über die Vorgehensweise:

− Den Operationsverstärker in der Schaltung durch ein *unvollständiges Modell*
  ersetzen. Dieses Modell unterscheidet sich vom vollständigen Modell gemäß
  Bild 7.2-2 durch das Fehlen der gesteuerten Stromquelle. D.h. die verstärkende Wirkung des Operationsverstärkers wird zunächst nicht berücksichtigt

− Das Gleichungssystem der Schaltung mit Hilfe des Knotenpotentialverfahrens aufstellen

− Zwei Koeffizienten des Gleichungssystems zwecks nachträglicher Berücksichtigung der gesteuerten Stromquelle im Operationsverstärker-Modell
  modifizieren

Der erste Vorgehensschritt im obigen Plan ist so einfach, daß er keiner besonderen Detaillierung bedarf. Der zweite Vorgehensschritt beinhaltet das bereits bekannte Knotenpotentialverfahren. Näheres ist Abschnitt 3 zu entnehmen. Deshalb soll im Folgenden nur der dritte Vorgehensschritt (Modifizieren zweier Koeffizienten) etwas weiter aufgegliedert werden:

—   Anhand der Schaltung bzw. der Verbindungsliste die Knoten heraussuchen, an denen der Operationsverstärker angebunden ist. Z.B.:

   Der Ausgang ist am Knoten A angebunden
   Der Pluseingang ist am Knoten P angebunden
   Der Minuseingang ist am Knoten M angebunden

—   Wenn $A \neq 0$ und $P \neq 0$:
   Koeffizienten $a_{A,P}$ (Koeffizientenmatrix Zeile A / Spalte P) mit $-V_0 G_a$ beaufschlagen

   $$a_{A,P} := a_{A,P} - V_0 G_a$$

—   Wenn $A \neq 0$ und $M \neq 0$:
   Koeffizienten $a_{A,M}$ (Koeffizientenmatrix Zeile A / Spalte M) mit $+V_0 G_a$ beaufschlagen

   $$a_{A,M} := a_{A,M} + V_0 G_a$$

Damit sind die zwei Koeffizienten bereits modifiziert.

Der Leser wird die aufgeführten Vorgehensschritte sicher schnell verstehen, wenn er das vorher behandelte spezielle Beispiel und besonders Bild 7.3-1 noch vor Augen hat. Wenn in Bild 7.3-1 für die Knoten 2, 3 und 4 die allgemeinen Symbole P, M und A eingesetzt werden und wenn alle Zeilen, Spalten und Indizes entsprechend umbenannt werden, ergeben sich sofort die im Vorgehensplan angegebenen Bezeichnungen.

Vielleicht wird sich der Leser über die im obigen Vorgehensplan enthaltenen Bedingungen „Wenn $A \neq 0$ und $P \neq 0$ ... “ bzw. „Wenn $A \neq 0$ und $M \neq 0$ ... “ wundern. Dafür gibt es aber eine einfache Erklärung. Zunächst existieren keine Koeffizienten mit dem Index 0. Ferner sollte man sich folgende Gegebenheiten vor Augen halten: Wenn der Ausgang des Operationsverstärkers mit dem Bezugsknoten 0 verbunden wird ($A = 0$), ist das gleichbedeutend mit einem Kurzschluß der gesteuerten Stromquelle. Letztere ist damit wirkungslos und hat keinerlei Einfluß auf das Gleichungssystem bzw. irgendwelche Koeffizienten. Wenn ein Eingang des Operationsverstärkers mit dem Bezugsknoten 0 verbunden ist ($P = 0$ bzw. $M = 0$), muß, wegen $u_P = 0$ bzw. $u_M = 0$, nur der Koeffizient $a_{A,M}$ bzw. $a_{A,P}$ modifiziert werden.

Nun noch eine abschließende Bemerkung:

Wenn mehrere Operationsverstärker in einer Schaltung enthalten sind, werden sie zunächst alle durch unvollständige Modelle (ohne die gesteuerten Stromquellen) ersetzt. Die so gewonnene Schaltung wird dann wie üblich dem Knotenpotentialverfahren unterzogen. Anschließend müssen die oben angegebenen Vorgehensschritte zur Modifizierung von Koeffizienten nacheinander für jeden einzelnen Operationsverstärker durchlaufen werden.

Der nächste Abschnitt enthält eine Zusammenfassung der Vorgehensweise bei der Analyse von Schaltungen mit Operationsverstärkern.

7.4 Zusammenfassung

Allgemeines

Mit Hilfe der in den Abschnitten 3 bis 6 beschriebenen Verfahren (Knotenpotentialverfahren, Gauß-Algorithmus, Euler- und Newton-Verfahren) können Schaltungen analysiert werden, die Widerstände bzw. Leitwerte, Energiespeicher, Dioden, ungesteuerte Stromquellen und ungesteuerte Spannungsquellen mit Innenwiderständen enthalten dürfen. Die erregenden Ströme und/oder Spannungen können dabei beliebige zeitliche Verläufe aufweisen.

Der Gruppe der erlaubten Bauelemente können aber auch noch Operationsverstärker hinzugefügt werden. Letztere müssen dabei allerdings durch geeignete Modelle ersetzt werden. Diese Modelle enthalten in den Abschnitten 3 bis 6 noch nicht berücksichtigte spannungsgesteuerte Stromquellen. Derartige Quellen können im Rahmen der Schaltungsanalyse mittels eines (gegenüber der ursprünglichen Version gemäß Abschnitt 3.3) erweiterten Knotenpotentialverfahrens berücksichtigt werden.

Operationsverstärker-Modell

Ein einfaches Operationsverstärker-Modell ist in Bild 7.4-1 dargestellt.

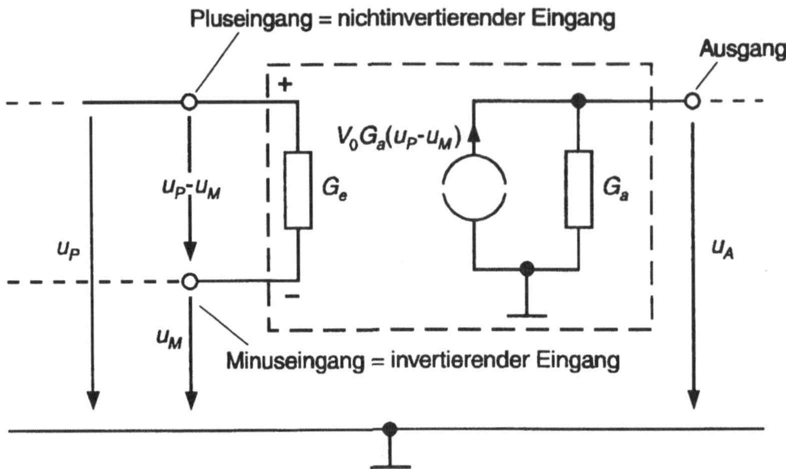

Bild 7.4-1 Einfaches Modell eines Operationsverstärkers
(G_e = Eingangsleitwert, G_a = Ausgangsleitwert, V_0 = Leerlaufverstärkung)

Vorbereitung der Schaltungsanalyse – Schaltungen mit Operationsverstärkern

Zunächst sind alle in Abschnitt 6.3 aufgelisteten Vorbereitungsschritte erforderlich. Bei der Eintragung der Operationsverstärker in die Verbindungsliste müssen selbstverständlich auch deren Ein- und Ausgangswiderstände sowie Leerlaufverstärkungen vermerkt werden.

Anschließend müssen alle in der Schaltung bzw. Verbindungsliste enthaltenen Operationsverstärker durch „unvollständige Modelle" ersetzt werden. Die unvollständigen Modelle unterscheiden sich vom „vollständigen Modell" in Bild 7.4-1 durch das Fehlen der gesteuerten Stromquelle.

Durchführung der Schaltungsanalyse – Schaltungen mit Operationsverstärkern

Die Schaltungsanalyse kann prinzipiell genau so verlaufen, wie in Abschnitt 6.3 beschrieben. Nur das in die Schaltungsanalyse integrierte Knotenpotentialverfahren gemäß Abschnitt 3.3 muß durch zusätzliche Vorgehensschritte erweitert werden.

Durchführung des Knotenpotentialverfahrens – Schaltungen mit Operationsverstärkern

Zunächst werden die gleichen Vorgehensschritte wie beim ursprünglichen Knotenpotentialverfahren gemäß Abschnitt 3.3 durchgeführt:

Ausfüllen der Stromspalte:
$i_{Qk} := $ Summe der Quellenströme am Knoten k
Einzelheiten: Vgl. Abschnitt 3.3

Ausfüllen der Koeffizientenmatrix – Diagonalkoeffizienten:
$a_{k,k} := $ Summe der Leitwerte am Knoten k
Einzelheiten: Vgl. Abschnitt 3.3

Ausfüllen der Koeffizientenmatrix – Nicht-Diagonalkoeffizienten:
$a_{z,s} := -$ (Summe der Leitwerte zwischen Knoten z und Knoten s)
Einzelheiten: Vgl. Abschnitt 3.3

Zusätzliche Vorgehensschritte zur Berücksichtigung der gesteuerten Stromquellen in den Operationsverstärker-Modellen:

Für alle in der Verbindungsliste enthaltenen Operationsverstärker wiederholen

---

Knoten heraussuchen, an die der gerade in Betracht gezogene
Operationsverstärker angebunden ist. Z.B.:
Der Ausgang ist am Knoten A angebunden
Der Pluseingang ist am Knoten P angebunden
Der Minuseingang ist am Knoten M angebunden

Wenn $A \neq 0$ und $P \neq 0$:
Koeffizienten $a_{A,P}$ (Koeffizientenmatrix Zeile A / Spalte P)
mit $-V_0 G_a$ beaufschlagen
$a_{A,P} := a_{A,P} - V_0 G_a$

Wenn $A \neq 0$ und $M \neq 0$:
Koeffizienten $a_{A,M}$ (Koeffizientenmatrix Zeile A / Spalte M)
mit $+V_0 G_a$ beaufschlagen
$a_{A,M} := a_{A,M} + V_0 G_a$

7.5 Ergänzungen

Das in Abschnitt 7.2 eingeführte Operationsverstärker-Modell ist, wie erwähnt, recht einfach und weist einige Mängel auf. Das Modell kann aber erweitert werden, so daß es auch höheren Ansprüchen gerecht wird.

Man könnte beispielsweise einen Tiefpaß an den Ausgang anfügen, so daß die Frequenzabhängigkeit der Verstärkung berücksichtigt wird. Zusätzlich könnten spannungsbegrenzende nichtlineare Elemente an den Ausgang geschaltet werden, um auch noch die begrenzte Aussteuerbarkeit des realen Operationsverstärkers zu berücksichtigen. In Abschnitt 5 ist ja am Beispiel Diode die Behandlung nichtlinearer Elemente mit Hilfe des Newton-Verfahrens demonstriert worden. Wenn besonders hohe Ansprüche gestellt werden, kann der Operationsverstärker auch durch eine entsprechende Transistorschaltung ersetzt werden. Dabei wird allerdings vorausgesetzt, daß realistische Modelle für Transistoren zur Verfügung stehen. Transistor-Modelle werden in den nächsten Abschnitten behandelt.

In der Praxis werden häufig Operationsverstärker-Modelle verwendet, die aus einer Eingangs-Transistor-Differenzverstärkerstufe und einer nachgeschalteten einfachen Ersatzschaltung für die weiteren Verstärkerstufen bestehen. Diese Ersatzschaltung ist dann ähnlich wie das in Bild 7.2-2 dargestellte Modell aufgebaut, allerdings erweitert um einen Tiefpaß und spannungsbegrenzende Elemente.

8 Erweiterung der vorgestellten Analysemethoden, Berücksichtigung von Transistoren

8.1 Einführung

Mit Hilfe der in den Abschnitten 1 bis 6 beschriebenen Methoden und Verfahren können lineare und nichtlineare Schaltungen analysiert werden. In den aufgeführten Abschnitten sind allerdings immer nur relativ einfache Schaltungen, die lediglich Widerstände, Spulen, Kondensatoren, Dioden, Strom- und Spannungsquellen enthalten durften, in Betracht gezogen worden.

In Abschnitt 7 wurde anhand des Beispiels Operationsverstärker demonstriert, daß es relativ einfach ist, weitere Bauelemente in die bereits behandelten Analyseverfahren zu integrieren. Der Trick dabei: Die „neuen" Bauelemente werden durch Modelle ersetzt, die aus bekannten, d.h. bereits in die Verfahren eingebundenen Bauelementen zusammengesetzt sind.

Im vorliegenden Abschnitt soll nun ein weiteres Beispiel für eine solche Vorgehensweise angeführt werden. In Abschnitt 8.2 wird ein einfaches Transistor-Modell erläutert. Das Modell enthält neben einer Diode nur noch eine spannungsgesteuerte Stromquelle. Diese Quelle ist aber, im Gegensatz zur gesteuerten Quelle im Operationsverstärker-Modell, nicht einseitig fest mit dem Bezugspotential verbunden. Wir haben es also wiederum mit einem noch nicht berücksichtigten Element zu tun. Mit Hilfe des in Abschnitt 3 behandelten Knotenpotentialverfahrens ist aber auch eine Behandlung derartiger Quellen leicht möglich. Die dazu notwendige Vorgehensweise wird in Abschnitt 8.3 ausführlich erläutert.

Wie bereits erwähnt, enthält das im nächsten Abschnitt vorgestellte Transistor-Modell eine Diode. Bei der Berechnung von Schaltungen, die derartige Modelle enthalten, muß deshalb neben dem Knotenpotentialverfahren und dem Gauß-Algorithmus grundsätzlich auch das Newton-Verfahren herangezogen werden. Selbstverständlich kann das für die Behandlung von Transistorschaltungen „aufbereitete" Knotenpotentialverfahren auch noch wie üblich mit dem Euler-Verfahren gekoppelt werden.

8.2 Einfaches Transistor-Modell

Der Transistor ist ein Halbleiterbauelement, mit dessen Hilfe elektrische Signale verstärkt werden können. Man unterscheidet bekanntlich NPN- und PNP-Transistoren. Im folgenden werden zunächst nur NPN-Transistoren betrachtet. Die dabei gewonnenen Erkenntnisse können dann leicht auch auf PNP-Transistoren übertragen werden.

Das Verhalten eines Transistors kann in wesentlichen Punkten durch ein sehr einfaches Modell, bestehend aus einer Basis-Emitter-Diode und einer stromgesteuerten Stromquelle, nachgebildet werden. Dieses Modell, es wird in der Literatur als *vereinfachtes Ebers-Moll-Modell* bezeichnet, ist in Bild 8.2-1 dargestellt.

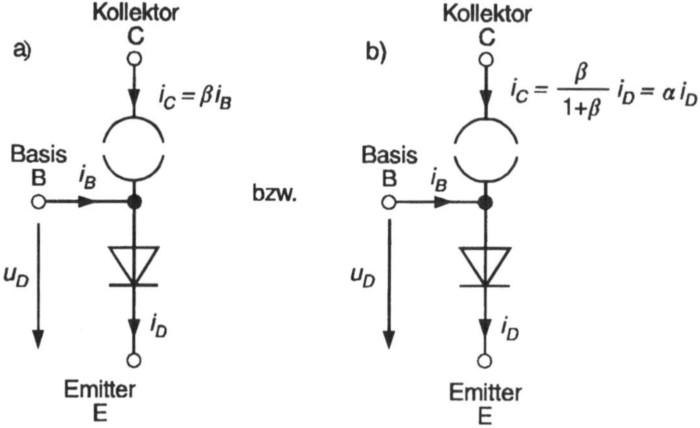

Bild 8.2-1 Vereinfachtes Ebers-Moll-Modell eines NPN-Transistors

Durch die im Ebers-Moll-Modell enthaltene Diode werden die physikalischen Gegebenheiten des Transistors im Basis-Emitter-Zweig recht exakt wiedergespiegelt. Die Verstärkung des Transistors wird dagegen im Modell (gemäß Bild 8.2-1a) nur funktionell, ohne Bezug auf die physikalische Realität, durch eine vom Basisstrom i_B gesteuerte Stromquelle im Kollektor-Basis-Zweig nachgebildet. Dabei wird ein proportionaler Zusammenhang zwischen Kollektor- und Basisstrom angenommen. Der Proportionalitätsfaktor β stellt die *Stromverstärkung in Emitterschaltung* dar. Für einen typischen Kleinsignal-Silizium-Transistor, z.B. den BC109, gilt $\beta \approx 200$.

Im Bild 8.2-1b ist das Ebers-Moll-Modell noch einmal dargestellt, diesmal wird aber der Kollektorstrom als Funktion des durch die Basis-Emitter-Diode fließenden Stromes i_D ausgedrückt. Der Übergang von Bild 8.2-1a zu Bild 8.2-1b geschieht mit Hilfe der Beziehung $i_B = i_D - i_C$. Damit kann $i_C = \beta i_B$ durch $i_C = \beta(i_D - i_C)$ ersetzt werden. Die letzte Gleichung kann nun nach i_C aufgelöst werden, man erhält:

$$i_C = \frac{\beta}{1+\beta} i_D = \alpha\, i_D$$

Dabei stellt α die *Stromverstärkung in Basisschaltung dar*. Für $\beta = 200$ ergibt sich $\alpha = 0{,}995$.

Im folgenden einige vergleichende Betrachtungen zwischen dem vereinfachten Ebers-Moll-Modell und dem realen Transistor:

— Im Modell wird die Eingangskennlinie des Transistors $i_B = f(u_D)$ über die Basis-Emitter-Diode nachgebildet. Gemäß Gleichung (5.1-1) gilt folgender Zusammenhang zwischen Diodenstrom und Diodenspannung:

$$i_D = I_S \left(e^{\frac{u_D}{U_T}} - 1 \right)$$

Wenn man nun berücksichtigt, daß $i_D = i_B + \beta i_B$ bzw. $i_D = i_B(1+\beta)$ gilt, folgt für die Eingangskennlinie:

$$i_B = \frac{I_S}{1+\beta} \left(e^{\frac{u_D}{U_T}} - 1 \right)$$

Diese Gleichung beschreibt die reale Eingangskennlinie des Transistors recht genau.

— Im Modell wird die Ausgangskennlinie des Transistors $i_C = f(u_{CE}, i_B)$ über eine gesteuerte Stromquelle nachgebildet. Es gilt:

$$i_C = \beta\, i_B$$

Diese Gleichung beschreibt die reale Ausgangskennlinie des Transistors nur sehr unvollkommen. Der Einfluß der Kollektor-Emitter-Spannung auf den Kollektorstrom wird völlig unterschlagen. Das führt insbesondere bei kleinen Kollektor-Emitter-Spannungen (Sättigungsbereich) zu großen Unterschieden zwischen dem Modell und dem realen Transistor.

– Das Modell berücksichtigt viele Eigenschaften des realen Transistors überhaupt nicht, z.B.:

Abhängigkeit der Stromverstärkung vom Kollektorstrom,

Frequenzabhängigkeit der Verstärkung,

Möglichkeit des inversen Betriebs (Verringerung der Restspannung im Schalterbetrieb durch Ansteuerung über Basis-Kollektor-Spannung anstatt über Basis-Emitter-Spannung) usw.

Das vereinfachte Ebers-Moll-Modell hat also offensichtlich einige Mängel, es soll aber trotzdem für die folgenden Betrachtungen zugrundegelegt werden. Für die nicht zufriedenen Leser ein Hinweis: In Abschnitt 8.5 werden Vorschläge unterbreitet, die zu einem realistischeren Modell führen.

Das Ebers-Moll-Modell von Bild 8.2-1b enthält ein nichtlineares Bauelement, eine Diode. Das bedeutet, daß man bei der Berechnung von Schaltungen mit eingefügtem Ebers-Moll-Modell auf das uns schon bekannte Newton-Verfahren zurückgreifen muß. Bei diesem Verfahren werden in aufeinanderfolgenden Iterationsschritten die Dioden durch lineare Ersatzschaltbilder ersetzt.

Das eben erwähnte lineare Diodenersatzschaltbild, es kann dem Bild 5.4-1 entnommen werden, wird am besten gleich in das Ebers-Moll-Modell integriert. Wenn man dies tut, gelangt man zu der in Bild 8.2-2 dargestellten Transistor-Ersatzschaltung. Diese Ersatzschaltung ist für den m-ten Newton-Iterationsschritt gültig.

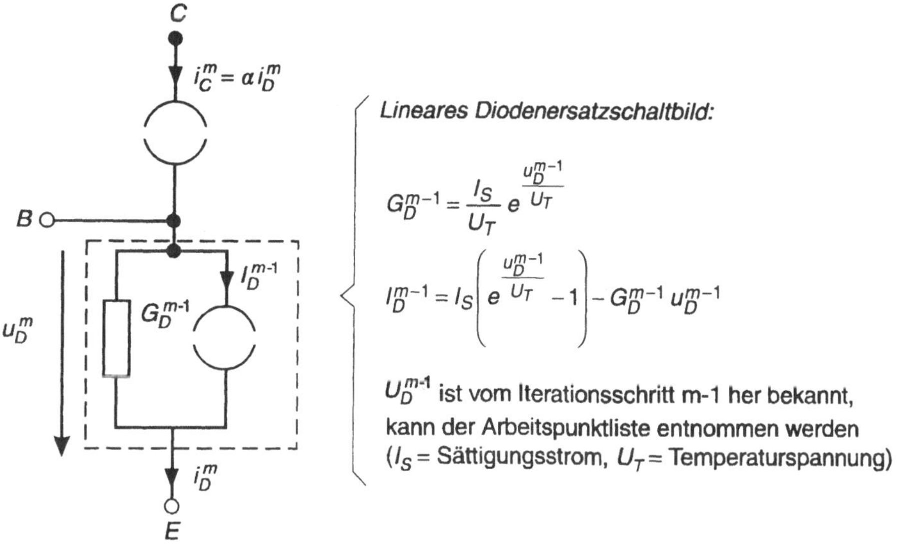

Bild 8.2-2 Vereinfachtes Ebers-Moll-Modell mit eingefügtem linearen Diodenersatzschaltbild, gültig für den m-ten Newton-Iterationsschritt

Im Transistor-Modell nach Bild 8.2-2 wird der Kollektorstrom i_C^m als Funktion des Emitterstroms $i_E^m = i_D^m$ ausgedrückt. Da das Knotenpotentialverfahren angewendet werden soll, mit dessen Hilfe ja Gleichungssysteme für Spannungen erstellt werden, erscheint es sinnvoller, den Strom i_C^m als Funktion der Spannung u_D^m zu formulieren. Letzteres ist leicht zu bewerkstelligen, man erkennt anhand von Bild 8.2-2 den Zusammenhang:

$$i_D^m = u_D^m\, G_D^{m-1} + I_D^{m-1}$$

Damit kann der Kollektorstrom i_C^m folgendermaßen ausgedrückt werden:

$$i_C^m = \alpha\, i_D^m = \alpha\, u_D^m\, G_D^{m-1} + \alpha\, I_D^{m-1}$$

Wenn man diese Beziehung in Bild 8.2-2 einfügt, erhält man die in Bild 8.2-3 dargestellte, für die Anwendung des Knotenpotentialverfahrens vorbereitete Form des Ebers-Moll-Modells. Das in Bild 8.2-3 dargestellte Transistor-Modell wird im folgenden immer zugrundegelegt.

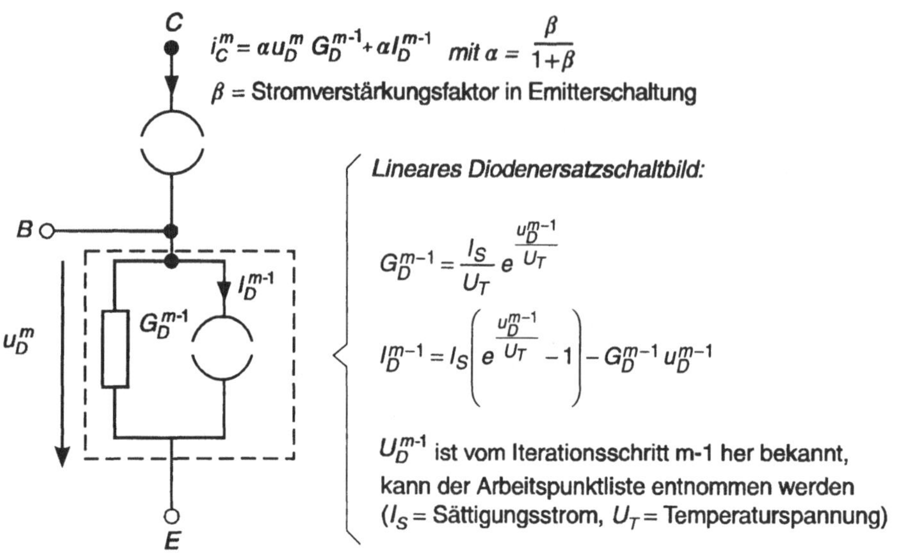

Bild 8.2-3 Für die Anwendung des Knotenpotentialverfahrens vorbereitetes vereinfachtes Ebers-Moll-Modell, gültig für den m-ten Newton-Iterationsschritt

8.3 Knotenpotentialverfahren, Integration des Transistor-Modells

Das im vorigen Abschnitt beschriebene Transistor-Modell enthält eine über die Basis-Emitter-Spannung gesteuerte Stromquelle im Kollektorzweig. Bei dieser Stromquelle ist im Unterschied zu der im Operationsverstärker-Modell enthaltenen Quelle kein Anschluß fest mit dem Bezugspotential verknüpft. Es liegt also wiederum ein bisher noch nicht berücksichtigtes Schaltungselement vor. Es wurde aber bereits erwähnt, daß mit Hilfe des in Abschnitt 3 beschriebenen Knotenpotentialverfahrens auch eine Behandlung von Schaltungen, die derartige Quellen enthalten, möglich ist.

Die entsprechende Verfahrensweise wird im folgenden wieder anhand eines speziellen Beispiels abgeleitet und anschließend verallgemeinert. Der Leser ahnt aber sicherlich schon jetzt: Die Verfahrensweise wird ganz ähnlich derjenigen sein, die in Abschnitt 7.3 im Rahmen der Integration des Operationsverstärker-Modells in das Knotenpotentialverfahren abgeleitet wurde.

Beispiel: Transistorschaltung

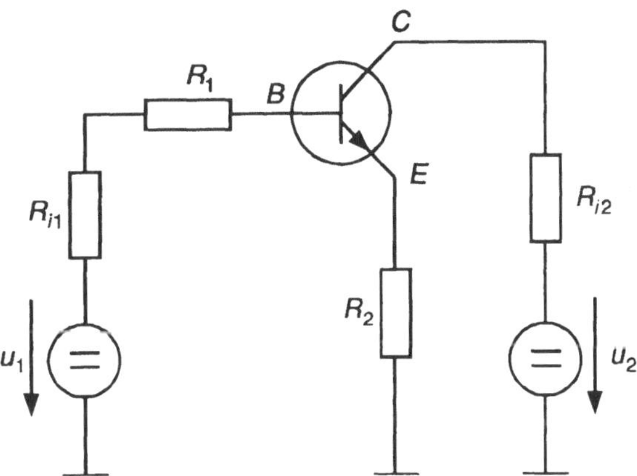

Gegeben:

Spannungen u_1, u_2, Innenwiderstände R_{i1}, R_{i2},
Widerstände R_1, R_2,
Stromverstärkung β bzw. $\alpha = \beta\,/\,(1+\beta)$ des Transistors

Gesucht:

Gleichungssystem für alle Knotenspannungen der Schaltung für den m-ten
Newton-Iterationsschritt. (Das Knotenpotentialverfahren muß ja wegen der im
ursprünglichen Transistor-Modell enthaltenen Diode mit dem Newton-Verfahren
gekoppelt werden!)

Ersatzschaltung:

Die Schaltung soll zunächst in eine für die Anwendung des Knotenpotentialver-
fahrens geeignete Ersatzschaltung umgewandelt werden. (Spannungsquellen mit
Innenwiderständen durch äquivalente Stromquellen ersetzen, Transistor durch
Modell gemäß Bild 8.2-3 ersetzen, Widerstandswerte in Leitwerte umrechnen,
Bezugsknoten (0) wählen, restliche Schaltungsknoten fortlaufend nummerieren)

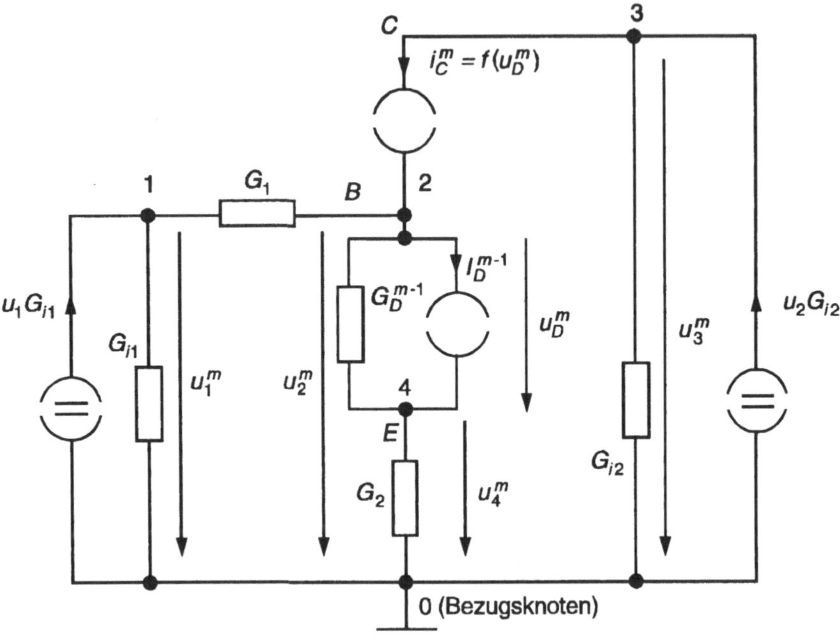

Gemäß Bild 8.2-3 gilt:

$$i_C^m = \alpha u_D^m \, G_D^{m-1} + \alpha I_D^{m-1}$$

mit $u_D^m = u_2^m - u_4^m$ folgt:

$$i_C^m = \alpha \, G_D^{m-1} u_2^m - \alpha \, G_D^{m-1} u_4^m + \alpha \, I_D^{m-1} \tag{8.3-1}$$

Lösung mit Hilfe des Knotenpotentialverfahrens

Wir wollen die Schaltung zunächst wieder *ohne* Berücksichtigung der gesteuerten Stromquelle betrachten. Die Schaltung hat neben dem Bezugsknoten vier weitere Knoten. Das gesuchte Gleichungssystem für die Knotenspannungen besteht deshalb aus vier Gleichungen. In vereinfachter Matrizenschreibweise sieht das Gleichungssystem prinzipiell folgendermaßen aus:

$$
\begin{array}{l}
\text{Knoten 1:} \\
\text{Knoten 2:} \\
\text{Knoten 3:} \\
\text{Knoten 4:}
\end{array}
\begin{bmatrix} i^m_{Q1} \\ i^m_{Q2} \\ i^m_{Q3} \\ i^m_{Q4} \end{bmatrix}
=
\begin{bmatrix}
a^m_{1,1} & a^m_{1,2} & a^m_{1,3} & a^m_{1,4} \\
a^m_{2,1} & a^m_{2,2} & a^m_{2,3} & a^m_{2,4} \\
a^m_{3,1} & a^m_{3,2} & a^m_{3,3} & a^m_{3,4} \\
a^m_{4,1} & a^m_{4,2} & a^m_{4,3} & a^m_{4,4}
\end{bmatrix}
\cdot
\begin{bmatrix} u^m_1 \\ u^m_2 \\ u^m_3 \\ u^m_4 \end{bmatrix}
\qquad (8.3\text{-}2)
$$

$$
\underbrace{}_{\text{Stromspalte}} \qquad \underbrace{}_{\text{Koeffizientenmatrix}} \qquad \underbrace{}_{\text{Spannungsspalte}}
$$

$$
i^m_{Qk} \qquad\qquad a^m_{z,s} = a^m_{zeile,spalte} \qquad\qquad u^m_k
$$

Die Ströme i^m_{Qk}, die Diagonalkoeffizienten $a^m_{k,k}$ ($z = s = k$) und die Nicht-Diagonalkoeffizienten $a^m_{z,s}$ ($z \neq s$) können mit Hilfe der in Abschnitt 3 ermittelten Bildungsgesetze sofort spezifiziert werden:

i^m_{Qk} = Summe der Quellenströme am Knoten k

$$i^m_{Q1} = u_1 G_{i1}, \quad i^m_{Q2} = -I^{m-1}_D, \quad i^m_{Q3} = u_2 G_{i2}, \quad i^m_{Q4} = I^{m-1}_D$$

$a^m_{k,k}$ = Summe der Leitwerte am Knoten k

$$a^m_{1,1} - G_1 + G_{i1}, \quad a^m_{2,2} = G^{m-1}_D + G_1, \quad \dots$$

$a^m_{z,s} = -$ (Summe der Leitwerte zwischen Knoten z und Knoten s)

$$a^m_{1,2} = -G_1, \quad a^m_{1,3} = 0, \quad \dots$$

Was ändert sich nun am Gleichungssystem (8.3-2), wenn die gesteuerte Stromquelle mit berücksichtigt wird? Offensichtlich ändern sich dann nur die Einträge in den Zeilen 2 und 3 der Stromspalte. In Zeile 2 muß zum ursprünglichen Strom i^m_{Q2} der Strom i^m_C addiert werden. In Zeile 3 muß zum ursprünglichen Strom i^m_{Q3} der Strom i^m_C subtrahiert werden. Gleichungssystem (8.3-2) geht also bei Berücksichtigung der gesteuerten Stromquelle in das Gleichungssystem (8.3-3) über:

$$
\begin{array}{l}
\text{Knoten 1:} \\
\text{Knoten 2:} \\
\text{Knoten 3:} \\
\text{Knoten 4:}
\end{array}
\begin{bmatrix} i^m_{Q1} \\ i^m_{Q2} + i^m_C \\ i^m_{Q3} - i^m_C \\ i^m_{Q4} \end{bmatrix}
=
\begin{bmatrix}
a^m_{1,1} & a^m_{1,2} & a^m_{1,3} & a^m_{1,4} \\
a^m_{2,1} & a^m_{2,2} & a^m_{2,3} & a^m_{2,4} \\
a^m_{3,1} & a^m_{3,2} & a^m_{3,3} & a^m_{3,4} \\
a^m_{4,1} & a^m_{4,2} & a^m_{4,3} & a^m_{4,4}
\end{bmatrix}
\cdot
\begin{bmatrix} u^m_1 \\ u^m_2 \\ u^m_3 \\ u^m_4 \end{bmatrix}
\qquad (8.3\text{-}3)
$$

Wegen Gültigkeit der Gleichung (8.3-1) kann im obigen Gleichungssystem i_C^m durch die Beziehung $\alpha G_D^{m-1} u_2{}^m - \alpha G_D^{m-1} u_4{}^m + \alpha I_D^{m-1}$ ersetzt werden. Anschließend können die Terme $+\alpha G_D^{m-1} u_2^m$ und $-\alpha G_D^{m-1} u_4^m$ auf die rechte Seite des Gleichungssystems „verschoben" werden. Man erhält dann folgende Anordnung:

$$
\begin{array}{l}
\text{Knoten 1:} \\
\text{Knoten 2:} \\
\text{Knoten 3:} \\
\text{Knoten 4:}
\end{array}
\begin{bmatrix}
i_{Q1}^m \\
i_{Q2}^m + \alpha I_D^{m-1} \\
i_{Q3}^m - \alpha I_D^{m-1} \\
i_{Q4}^m
\end{bmatrix} =
$$

$$
=
\begin{bmatrix}
a_{1,1}^m & a_{1,2}^m & a_{1,3}^m & a_{1,4}^m \\
a_{2,1}^m & a_{2,2}^m - \alpha G_D^{m-1} & a_{2,3}^m & a_{2,4}^m + \alpha G_D^{m-1} \\
a_{3,1}^m & a_{3,2}^m + \alpha G_D^{m-1} & a_{3,3}^m & a_{3,4}^m - \alpha G_D^{m-1} \\
a_{4,1}^m & a_{4,2}^m & a_{4,3}^m & a_{4,4}^m
\end{bmatrix}
\cdot
\begin{bmatrix}
u_1^m \\
u_2^m \\
u_3^m \\
u_4^m
\end{bmatrix}
\tag{8.3-4}
$$

Wenn man die Gleichungssysteme (8.3-2) und (8.3-4) vergleicht, erkennt man: Wenn in einer Schaltung ein Transistor-Modell enthalten ist, kann das Knotenpotentialverfahren wie in Abschnitt 3 beschrieben angewendet werden, jedoch zunächst ohne Berücksichtigung der gesteuerten Quelle. Anschließend müssen zwei der auf diese Weise berechneten Ströme (i_{Q2}^m und i_{Q3}^m) und vier der auf diese Weise berechneten Koeffizienten ($a_{2,2}^m$, $a_{2,4}^m$, $a_{3,2}^m$, $a_{3,4}^m$) modifiziert, d.h. mit $+/-\alpha I_D^{m-1}$ bzw. $+/-\alpha G_D^{m-1}$ beaufschlagt werden, um den Einfluß der gesteuerten Quelle in das Gleichungssystem einfließen zu lassen.

Die zu modifizierenden Ströme liegen in Zeile 2 und Zeile 3 der Stromspalte. Die zu modifizierenden Koeffizienten liegen in Zeile 2 / Spalte 2, Zeile 2 / Spalte 4, Zeile 3 / Spalte 2 und Zeile 3 / Spalte 4 der Koeffizientenmatrix. Diese Zeilen und Spalten entsprechen den Knoten, an denen der Transistor bzw. das entsprechende Modell angebunden ist. Dieser Sachverhalt soll durch Bild 8.3-1 illustriert werden.

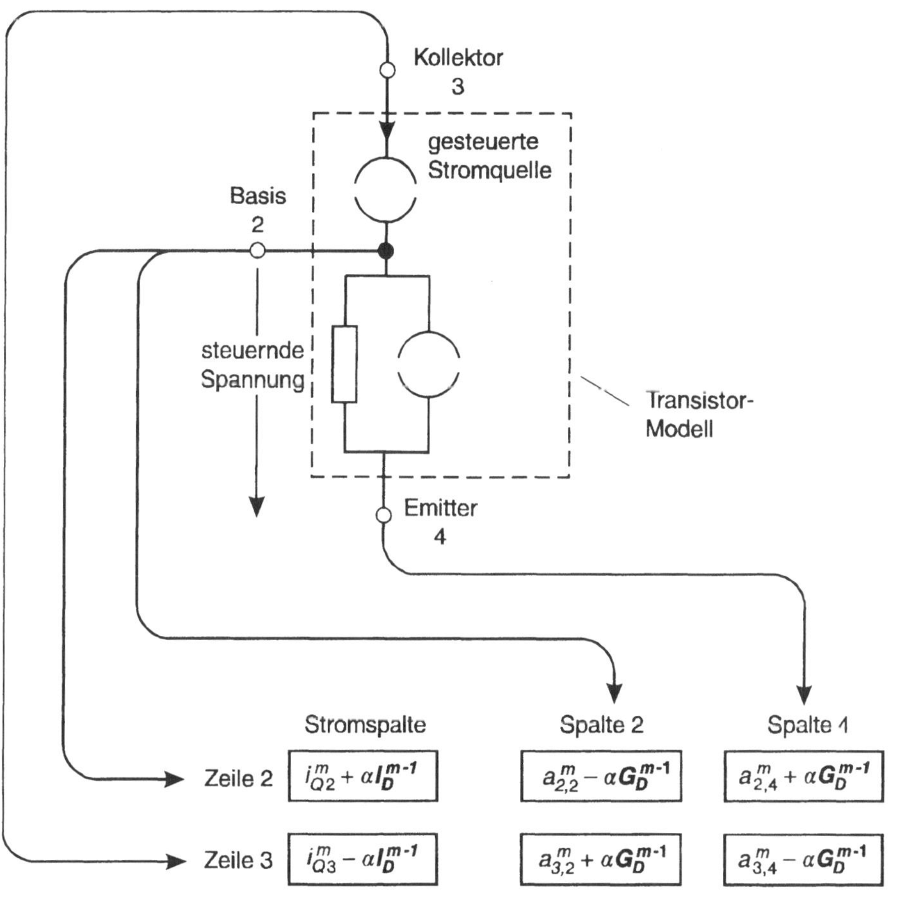

$$\text{Zeile 2} \quad \boxed{i_{Q2}^{m} + \alpha I_D^{m-1}} \qquad \boxed{a_{2,2}^{m} - \alpha G_D^{m-1}} \qquad \boxed{a_{2,4}^{m} + \alpha G_D^{m-1}}$$

$$\text{Zeile 3} \quad \boxed{i_{Q3}^{m} - \alpha I_D^{m-1}} \qquad \boxed{a_{3,2}^{m} + \alpha G_D^{m-1}} \qquad \boxed{a_{3,4}^{m} - \alpha G_D^{m-1}}$$

Bild 8.3-1 Einfluß der gesteuerten Stromquelle im Transistor-Modell auf das Gleichungssystem

Anhand von Bild 8.3-1 ist zu erkennen:

Die *gesteuerte Stromquelle* liegt zwischen *Kollektor und Basis*. Kollektor und Basis sind in unserem Beispiel mit *Knoten 3 und Knoten 2* verbunden. Entsprechend liegen die zu modifizierenden Ströme und Koeffizienten in *Zeile 3 und Zeile 2*.

Die *steuernde Spannung* liegt zwischen *Basis und Emitter*. Basis und Emitter sind in unserem Beispiel mit *Knoten 2 und Knoten 4* verbunden. Entsprechend liegen die zu modifizierenden Koeffizienten in *Spalte 2 und Spalte 4*.

Am gerade vorgeführten speziellen Beispiel ist demonstriert worden, wie das Gleichungssystem für eine Schaltung mit einem Transistor aufgestellt werden kann. Im folgenden soll die Vorgehensweise noch einmal wiederholt und gleichzeitig etwas verallgemeinert werden. Dabei soll wieder eine Darstellungsform angestrebt werden, die bereits eine gewisse Vorstellung von einer programmtechnischen Realisierung vermittelt.

Zunächst ein grober Überblick über die Vorgehensweise:

— Den Transistor in der Schaltung durch ein *unvollständiges Modell* ersetzen. Dieses Modell unterscheidet sich vom vollständigen Modell gemäß Bild 8.2-3 durch das Fehlen der gesteuerten Stromquelle. D.h. die verstärkende Wirkung des Transistors wird zunächst nicht berücksichtigt

— Das Gleichungssystem der Schaltung mit Hilfe des Knotenpotentialverfahrens aufstellen

— Zwei Ströme und vier Koeffizienten des Gleichungssystems zwecks nachträglicher Berücksichtigung der gesteuerten Stromquelle im Transistor-Modell modifizieren

Der erste Vorgehensschritt im obigen Plan ist so einfach, daß er keiner besonderen Detaillierung bedarf. Der zweite Vorgehensschritt beinhaltet das bereits bekannte Knotenpotentialverfahren. Näheres ist Abschnitt 3 zu entnehmen. Deshalb soll im Folgenden nur der dritte Vorgehensschritt (Modifizieren von Strömen und Koeffizienten) etwas weiter aufgegliedert werden:

— Anhand der Schaltung bzw. der Verbindungsliste die Knoten heraussuchen, an denen der Transistor angebunden ist. Z.B.:

Die Basis ist am Knoten B angebunden

Der Kollektor ist am Knoten C angebunden

Der Emitter ist am Knoten E angebunden

— Wenn $B \neq 0$:

Strom i_{QB}^m (Stromspalte Zeile B) mit $+\alpha\, I_D^{m-1}$ beaufschlagen

$$i_{QB}^m := i_{QB}^m + \alpha\, I_D^{m-1}$$

— Wenn $C \neq 0$:

Strom i_{QC}^m (Stromspalte Zeile C) mit $-\alpha\, I_D^{m-1}$ beaufschlagen

$$i_{QC}^m := i_{QC}^m - \alpha\, I_D^{m-1}$$

- Wenn $B \neq 0$:

  Koeffizienten $a^m_{B,B}$ (Koeffizientenmatrix Zeile B / Spalte B) mit $-\alpha\, G^{m-1}_D$ beaufschlagen

  $$a^m_{B,B} := a^m_{B,B} - \alpha\, G^{m-1}_D$$

- Wenn $B \neq 0$ und $E \neq 0$:

  Koeffizienten $a^m_{B,E}$ (Koeffizientenmatrix Zeile B / Spalte E) mit $+\alpha\, G^{m-1}_D$ beaufschlagen

  $$a^m_{B,E} := a^m_{B,E} + \alpha\, G^{m-1}_D$$

- Wenn $C \neq 0$ und $B \neq 0$:

  Koeffizienten $a^m_{C,B}$ (Koeffizientenmatrix Zeile C / Spalte B) mit $+\alpha\, G^{m-1}_D$ beaufschlagen

  $$a^m_{C,B} := a^m_{C,B} + \alpha\, G^{m-1}_D$$

- Wenn $C \neq 0$ und $E \neq 0$:

  Koeffizienten $a^m_{C,E}$ (Koeffizientenmatrix Zeile C / Spalte E) mit $-\alpha\, G^{m-1}_D$ beaufschlagen

  $$a^m_{C,E} := a^m_{C,E} - \alpha\, G^{m-1}_D$$

Damit sind die Ströme und Koeffizienten bereits modifiziert.

Der Leser wird die aufgeführten Vorgehensschritte sicher wieder schnell verstehen, wenn er das vorher behandelte spezielle Beispiel und besonders Bild 8.3-1 noch vor Augen hat. Wenn in Bild 8.3-1 für die Knoten 2, 3 und 4 die allgemeinen Symbole B, C und E eingesetzt werden und wenn alle Zeilen, Spalten und Indizes entsprechend umbenannt werden, ergeben sich sofort die im Vorgehensplan angegebenen Bezeichnungen.

Falls ein Anschluß des Transistors mit dem Bezugspotential 0 verbunden ist, kann die Modifikation einzelner Ströme und Koeffizienten entfallen. Im obigen Vorgehensplan sind deshalb entsprechende Bedingungen („Wenn $B \neq 0$ ... " usw.) eingefügt, deren Erfüllung Voraussetzung für die nachfolgende Modifikations-Operation ist. Falls der Leser diesen Sachverhalt nicht sofort versteht, sollte er die entsprechenden Ausführungen für Operationsverstärker-Schaltungen in Abschnitt 7.3 noch einmal studieren.

Wenn mehrere Transistoren in einer Schaltung enthalten sind, werden sie zunächst alle durch unvollständige Modelle (ohne die gesteuerten Stromquellen) ersetzt. Die so gewonnene Schaltung wird dann wie üblich dem Knotenpotentialverfahren unterzogen. Anschließend müssen die oben angegebenen Vorgehensschritte zur Modifizierung von Strömen bzw. Koeffizienten nacheinander für jeden einzelnen Transistor durchlaufen werden.

Im vorliegenden Abschnitt sind ausschließlich NPN-Transistoren behandelt worden. Entsprechende Ableitungen können selbstverständlich auch für PNP-Transistoren durchgeführt werden. Dabei muß man von einem Modell ausgehen, bei dem die Diode (bzw. das entsprechende Ersatzschaltbild) im Basis-Emitter-Zweig und die gesteuerte Stromquelle im Kollektor-Basis-Zweig andersherum als beim NPN-Transistor-Modell gepolt sind. Die Verfahrensweise bei der Behandlung von Schaltungen mit PNP-Transistoren entspricht derjenigen von Schaltungen mit NPN-Transistoren. Allerdings müssen (wegen der umgekehrten Polung der gesteuerten Stromquelle im PNP-Transistor-Modell) die Ströme in der Stromspalte des Gleichungssystems mit Termen umgekehrten Vorzeichens beaufschlagt werden. Der interessierte Leser kann die entsprechenden Ableitungen übungshalber selbst durchführen.

Der nächste Abschnitt enthält eine Zusammenfassung der Vorgehensweise bei der Analyse von Transistorschaltungen. Dabei werden neben NPN-Transistoren auch PNP-Transistoren berücksichtigt.

8.4 Zusammenfassung

Allgemeines

Mit Hilfe der in den Abschnitten 3 bis 7 beschriebenen Verfahren (Knotenpotentialverfahren, Gauß-Algorithmus, Euler- und Newton-Verfahren) können Schaltungen analysiert werden, die Widerstände bzw. Leitwerte, Energiespeicher, Dioden, ungesteuerte Stromquellen und ungesteuerte Spannungsquellen mit Innenwiderständen sowie Operationsverstärker enthalten dürfen. Die erregenden Ströme und/oder Spannungen können dabei beliebige zeitliche Verläufe aufweisen.

Der Gruppe der erlaubten Bauelemente können aber auch noch Transistoren hinzugefügt werden. Letztere müssen dabei allerdings wieder (genau wie die in Abschnitt 7 behandelten Operationsverstärker) durch geeignete Modelle ersetzt werden. Diese Modelle enthalten in den Abschnitten 3 bis 7 noch nicht berücksichtigte spannungsgesteuerte Stromquellen. Derartige Quellen können im Rahmen der Schaltungsanalyse mittels eines (gegenüber der ursprünglichen Version gemäß Abschnitt 3.3) erweiterten Knotenpotentialverfahrens berücksichtigt werden.

Transistor-Modell

Ein einfaches Transistor-Modell ist in Bild 8.4-1 bzw. 8.4-2 dargestellt.

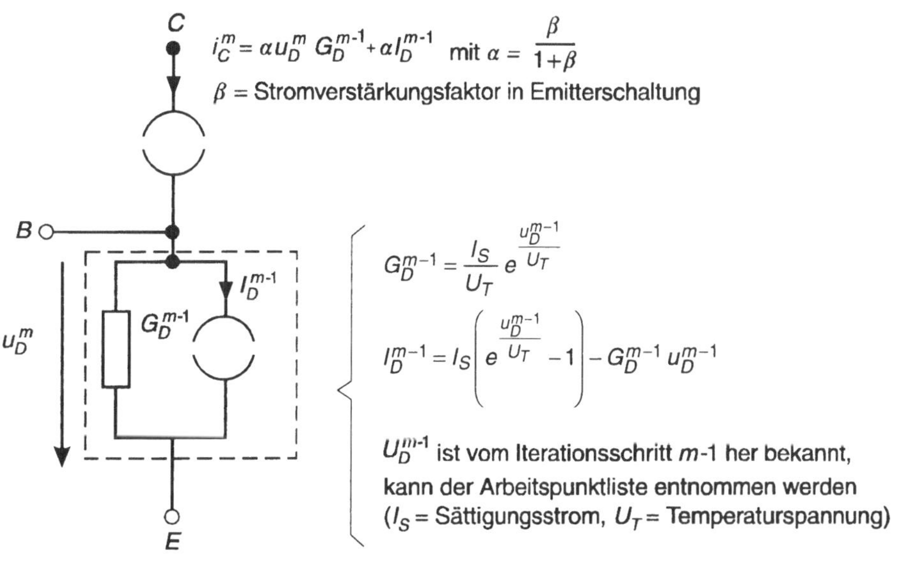

Bild 8.4-1 Einfaches Modell eines NPN-Transistors, gültig für den m-ten Newton-Iterationsschritt

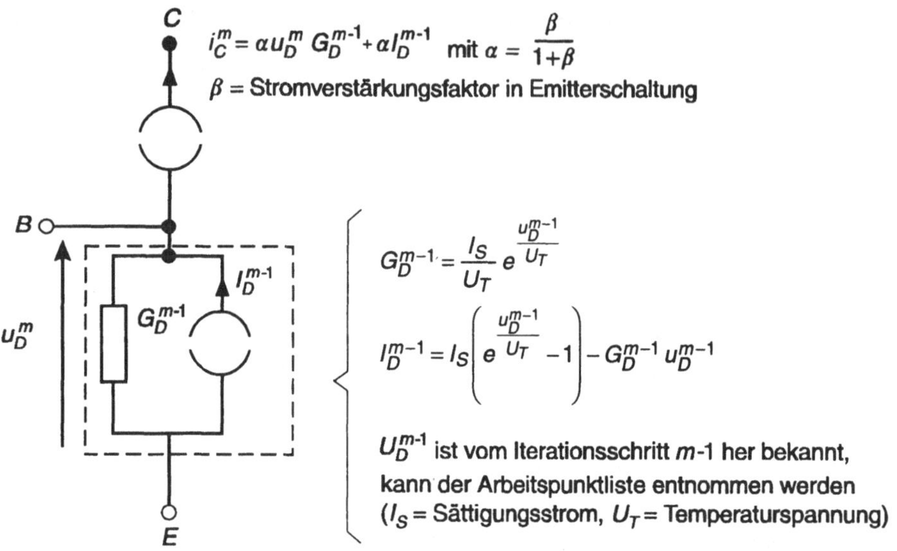

Bild 8.4-2 Einfaches Modell eines PNP-Transistors, gültig für den m-ten Newton-Iterationsschritt

Vorbereitung der Schaltungsanalyse – Schaltungen mit Transistoren

Zunächst sind alle in Abschnitt 6.3 aufgelisteten Vorbereitungsschritte erforderlich. Bei der Eintragung der Transistoren in die Verbindungsliste müssen selbstverständlich auch deren Stromverstärkungsfaktoren vermerkt werden.

Anschließend müssen alle in der Schaltung bzw. Verbindungsliste enthaltenen Transistoren durch „unvollständige Modelle" ersetzt werden. Die „unvollständigen Modelle" unterscheiden sich vom „vollständigen Modell" in Bild 8.4-1 bzw. 8.4-2 durch das Fehlen der gesteuerten Stromquelle.

Falls die Schaltung bzw. Verbindungsliste Operationsverstärker enthält, müssen auch diese durch „unvollständige Modelle" ersetzt werden. Einzelheiten dazu können Abschnitt 7.4 entnommen werden.

**Durchführung der Schaltungsanalyse –
Schaltungen mit Transistoren**

Die Schaltungsanalyse kann prinzipiell genau so verlaufen, wie in Abschnitt 6.3 beschrieben. Nur das in die Schaltungsanalyse integrierte Knotenpotentialverfahren gemäß Abschnitt 3.3 muß durch zusätzliche Vorgehensschritte erweitert werden.

**Durchführung des Knotenpotentialverfahrens –
Schaltungen mit Transistoren**

Zunächst werden die gleichen Vorgehensschritte wie beim ursprünglichen Knotenpotentialverfahren gemäß Abschnitt 3.3 durchgeführt:

Ausfüllen der Stromspalte:

$i_{Qk} := $ Summe der Quellenströme am Knoten k

Einzelheiten: Vgl. Abschnitt 3.3

Ausfüllen der Koeffizientenmatrix -Diagonalkoeffizienten:

$a_{k,k} := $ Summe der Leitwerte am Knoten k

Einzelheiten: Vgl. Abschnitt 3.3

Ausfüllen der Koeffizientenmatrix -Nicht-Diagonalkoeffizienten:

$a_{z,s} := -$ (Summe der Leitwerte zwischen Knoten z und Knoten s)

Einzelheiten: Vgl. Abschnitt 3.3

Zusätzliche Vorgehensschritte zur Berücksichtigung der gesteuerten Stromquellen in den Transistor-Modellen:

Für alle in der Verbindungsliste enthaltenen Transistoren wiederholen

Knoten heraussuchen, an die der gerade in Betracht gezogene Transistor angebunden ist. Z.B.:   Die Basis ist am Knoten B angebunden   Der Kollektor ist am Knoten C angebunden   Der Emitter ist am Knoten E angebunden
Wenn NPN-Transistor vorliegt und $B \neq 0$:   Strom i_{QB}^m (Stromspalte Zeile B) mit $+\alpha I_D^{m-1}$ beaufschlagen $i_{QB}^m := i_{QB}^m + \alpha I_D^{m-1}$
Wenn NPN-Transistor vorliegt und $C \neq 0$:   Strom i_{QC}^m (Stromspalte Zeile C) mit $-\alpha I_D^{m-1}$ beaufschlagen $i_{QC}^m := i_{QC}^m - \alpha I_D^{m-1}$
Wenn PNP-Transistor vorliegt und $B \neq 0$:   Strom i_{QB}^m (Stromspalte Zeile B) mit $-\alpha I_D^{m-1}$ beaufschlagen $i_{QB}^m := i_{QB}^m - \alpha I_D^{m-1}$
Wenn PNP-Transistor vorliegt und $C \neq 0$:   Strom i_{QC}^m (Stromspalte Zeile C) mit $+\alpha I_D^{m-1}$ beaufschlagen $i_{QC}^m := i_{QC}^m + \alpha I_D^{m-1}$
Wenn $B \neq 0$:   Koeffizienten $a_{B,B}^m$ (Koeffizientenmatrix Zeile B / Spalte B) mit $-\alpha G_D^{m-1}$ beaufschlagen $a_{B,B}^m := a_{B,B}^m - \alpha G_D^{m-1}$
Wenn $B \neq 0$ und $E \neq 0$:   Koeffizienten $a_{B,E}^m$ (Koeffizientenmatrix Zeile B / Spalte E) mit $+\alpha G_D^{m-1}$ beaufschlagen $a_{B,E}^m := a_{B,E}^m + \alpha G_D^{m-1}$
Wenn $C \neq 0$ und $B \neq 0$:   Koeffizienten $a_{C,B}^m$ (Koeffizientenmatrix Zeile C / Spalte B) mit $+\alpha G_D^{m-1}$ beaufschlagen $a_{C,B}^m := a_{C,B}^m + \alpha G_D^{m-1}$
Wenn $C \neq 0$ und $E \neq 0$:   Koeffizienten $a_{C,E}^m$ (Koeffizientenmatrix Zeile C / Spalte E) mit $-\alpha G_D^{m-1}$ beaufschlagen $a_{C,E}^m := a_{C,E}^m - \alpha G_D^{m-1}$

Falls die Verbindungsliste Operationsverstärker-Modelle enthält, müssen zusätzliche Vorgehensschritte zur Berücksichtigung der in den Operationsverstärker-Modellen enthaltenen gesteuerten Stromquellen durchlaufen werden. Einzelheiten dazu können Abschnitt 7.4 entnommen werden.

8.5 Ergänzungen

Das in Abschnitt 8.2 vorgestellte Transistor-Modell beschreibt einige Eigenschaften realer Transistoren nur ungenau oder überhaupt nicht. Beim realen Transistor kann die Steuerspannung beispielsweise zwischen Basis und Emitter (Vorwärtsbetrieb) oder Basis und Kollektor (Rückwärtsbetrieb) gelegt werden. Beim Modell gemäß Bild 8.2-1, dem sogenannten vereinfachten Ebers-Moll-Modell, wird nur der Vorwärtsbetrieb berücksichtigt.

Das vereinfachte Ebers-Moll-Modell kann aber recht einfach zum vollständigen Ebers-Moll-Modell ausgebaut werden. Die Grundidee beim Übergang vom vereinfachten Modell zum vollständigen Modell soll mit Hilfe von Bild 8.5-1 erläutert werden. Bild 8.5-1a) zeigt das vereinfachte Ebers-Moll-Modell für den Vorwärtsbetrieb, Bild 8.5-1b) zeigt das analoge Modell für den Rückwärtsbetrieb. Wenn die Bilder a) und b) kombiniert werden, erhält man Bild 8.5-1c). Dieses Bild zeigt das von Ebers-Moll in [16] vorgestellte Transistor-Modell.

Das Ebers-Moll-Modell spiegelt immer noch nicht alle wesentlichen Eigenschaften realer Transistoren wieder. Das Modell kann aber ausgebaut werden. Beispielsweise können Widerstände und Kondensatoren zur Nachbildung der Bahnwiderstände und Sperrschichtkapazitäten angefügt werden. Damit kommt auch die Frequenzabhängigkeit der Verstärkung realer Transistoren zum Ausdruck. Ein in der angedeuteten Weise erweitertes Ebers-Moll-Modell ist in Bild 8.5-2 dargestellt.

In der angegebenen Literatur werden Modelle von Transistoren und anderen Halbleiterbauelementen ausführlich beschrieben. In den Originalarbeiten [15], [16] und [17] sind die grundlegenden Modellstrukturen niedergelegt. In [7] bis [14] werden diese Modelle immer wieder aufgegriffen, variiert und erweitert. In [18] bis [28] werden speziell die im Simulationsprogramm PSpice verwendeten Modelle behandelt. Einige der in der Literatur angegebenen Modelle beschreiben das Verhalten realer Transistoren außerordentlich gut, sie sind aber auch entsprechend aufwendig.

Das erweiterte Ebers-Moll-Modell gemäß Bild 8.5-2 kann, genau wie das in Abschnitt 8.2 vorgestellte vereinfachte Modell, in die im vorliegenden Buch behandelten Analysemethoden integriert werden. Selbstverständlich muß dabei, um die Kondensatoren und Dioden im Modell „berechenbar" zu machen, wieder das Euler- und Newton-Verfahren herangezogen werden.

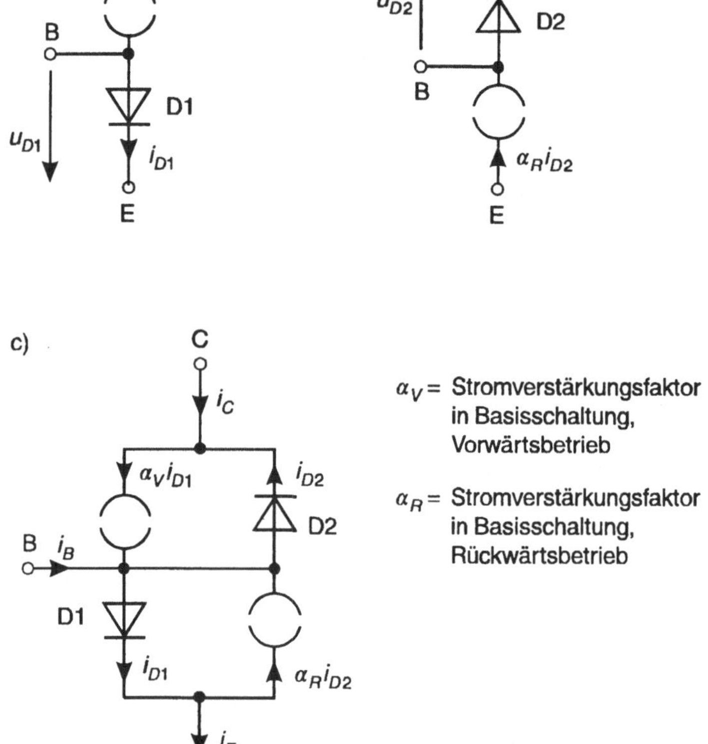

Bild 8.5-1 Ebers-Moll-Modell eines NPN-Transistors, zusammengesetzt aus zwei vereinfachten Modellen

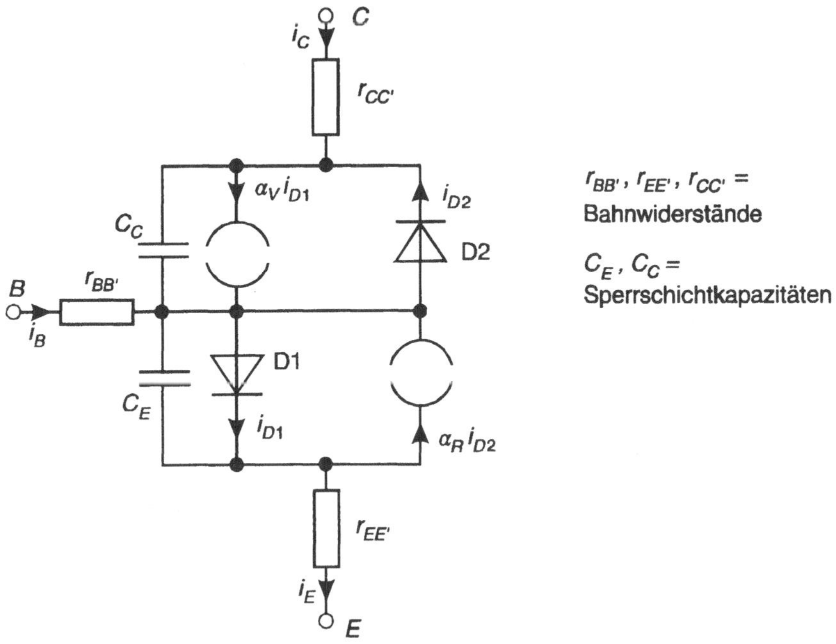

Bild 8.5-2 Erweitertes Ebers-Moll-Modell, Berücksichtigung von Bahnwiderständen und Sperr-schichtkapazitäten

9 Erweiterung der vorgestellten Analysemethoden, Frequenzganganalyse

9.1 Einführung

Mit Hilfe der in den Abschnitten 1 bis 8 beschriebenen Methoden und Verfahren können Spannungen und Ströme in linearen und nichtlinearen Schaltungen in Abhängigkeit von der Zeit berechnet werden. Die erregenden Ströme und/oder Spannungen können dabei beliebige zeitliche Verläufe aufweisen.

Bei linearen Schaltungen, die der Signalübertragung dienen, den sogenannten linearen Übertragungsgliedern, interessiert man sich aber häufig nur für den Frequenzgang. D.h. man will wissen, wie rein sinusförmige Signale in Abhängigkeit von der Frequenz übertragen werden, bei ausschließlicher Betrachtung des stationären Zustands. Man spricht in diesem Zusammenhang von *Frequenzganganalyse* oder auch von *Wechselstrom- bzw. AC-Analyse* (AC = Alternative Current). Die Ergebnisse einer solchen Analyse werden normalerweise in Form von *Betrags- und Phasen-Frequenzgängen* dargestellt.

In den nächsten Abschnitten wird detailliert erläutert, wie Frequenzganganalysen durchgeführt werden können. Dabei wird wieder auf bereits Bekanntes, das Knotenpotentialverfahren und den Gauß-Algorithmus, zurückgegriffen. Knotenpotentialverfahren und Gauß-Algorithmus werden diesmal allerdings in komplexer Form angewendet.

Der Autor setzt die Kenntnis der komplexen Rechnung und deren Anwendung in der Elektrotechnik voraus und verzichtet deshalb auf eine Erläuterung dieser Methode. Im folgenden Abschnitt wird nur anhand eines Beispiels demonstriert, wie Knotenpotentialverfahren und Gauß-Algorithmus im komplexen Bereich durchgeführt werden können. Damit soll das Verständnis der darauffolgenden Abschnitte, die sich dann speziell mit der rechnergestützten Frequenzganganalyse befassen, erleichtert werden.

Frequenzganganalysen setzen, wie bereits erwähnt, lineare Übertragungsglieder voraus. Wir können deshalb strenggenommen nur Schaltungen in Betracht ziеhen, die Widerstände bzw. Leitwerte, Energiespeicher und Operationsverstärker bzw. die entsprechenden linearen Operationsverstärker-Modelle enthalten dürfen. Schaltungen mit Dioden und Transistoren sind eigentlich ausgeschlossen. Es gibt allerdings Ausnahmen, z.B. Kleinsignal-Transistorverstärker. Diese Verstärker verhalten sich wie lineare Übertragungsglieder und können somit auch einer Frequenzganganalyse unterzogen werden.

Der Frequenzganganalyse von Kleinsignal-Transistorverstärkern muß eine Arbeitspunktberechnung und Kennlinien-Linearisierung vorausgehen. Die dabei anzuwendenden Methoden und Verfahren werden ebenfalls in den folgenden Abschnitten behandelt. Bei der Arbeitspunktberechnung werden nur die Gleichgrößen in einer Schaltung berücksichtigt, man spricht deshalb statt von Arbeitspunktberechnung auch von *Gleichstrom- bzw. DC-Analyse* (DC = Direct Current). Bei einer solchen Analyse kann übrigens wieder das uns schon bekannte Newton-Verfahren herangezogen werden.

9.2 Knotenpotentialverfahren und Gauß-Algorithmus im komplexen Bereich

In Abschnitt 4 wurden lineare Schaltungen mit Energiespeichern unter Einschluß des instationären Zustands bei beliebigen Erregungen analysiert. Die bei der Berechnung derartiger Schaltungen auftretenden Differentialgleichungen konnten mittels eines numerischen Verfahrens, des Euler-Verfahrens, gelöst werden.

Im vorliegenden Abschnitt werden wiederum lineare Schaltungen mit Energiespeichern in Betracht gezogen, aber diesmal interessiert nur der stationäre Zustand und es werden nur rein sinusförmige Erregungen zugelassen. Unter diesen Bedingungen kann die Schaltungsanalyse am einfachsten im komplexen Bereich mit Hilfe der komplexen Rechnung durchgeführt werden.

Im komplexen Bereich können die Bauelementegleichungen für Widerstände, Spulen und Kondensatoren folgendermaßen formuliert werden:

$$
\begin{array}{lll}
\text{Ohmscher Widerstand} & \underline{U} = (R)\underline{I} & \text{bzw.} \quad \underline{I} = (G)\underline{U} \\[2mm]
\text{Spule} & \underline{U} = (j\omega L)\underline{I} & \text{bzw.} \quad \underline{I} = \left(-j\dfrac{1}{\omega L}\right)\underline{U} \\[4mm]
\text{Kondensator} & \underline{U} = \left(-j\dfrac{1}{\omega C}\right)\underline{I} & \text{bzw.} \quad \underline{I} = (j\omega C)\underline{U} \\[4mm]
\text{Allgemein} & \underline{U} = (\underline{Z})\underline{I} & \text{bzw.} \quad \underline{I} = (\underline{Y})\underline{U}
\end{array}
\tag{9.2-1}
$$

$\underline{Z}$ wird als komplexer Widerstand, $\underline{Y}$ als komplexer Leitwert bezeichnet. ω ist die Kreisfrequenz. Sie ist über die Beziehung $\omega = 2\pi f$ mit der Frequenz f verknüpft.

Durch den „Trick" mit dem Übergang in den komplexen Bereich gehen also die Bauelementegleichungen von Spule und Kondensator in eine dem Ohmschen Gesetz ähnliche Form über. Schaltungen mit Energiespeichern können somit, genau wie die in Abschnitt 3 behandelten reinen Widerstandsschaltungen, direkt mit Hilfe des Knotenpotentialverfahrens und des Gauß-Algorithmus analysiert werden. Allerdings steigt, wegen der Verarbeitung komplexer Größen, der Rechenaufwand erheblich an.

Die Vorgehensweise bei der Schaltungsberechnung mittels Knotenpotentialverfahren und Gauß-Algorithmus im komplexen Bereich soll anhand eines Beispiels verdeutlicht werden.

Beispiel: Schaltung mit Energiespeichern

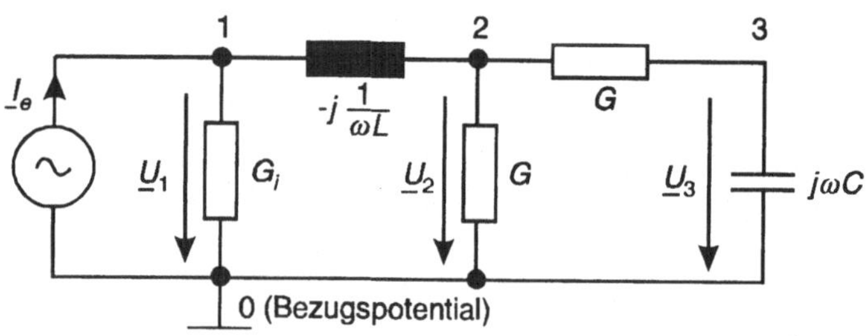

In der Schaltung ist zur Vorbereitung des Knotenpotentialverfahrens der Bezugsknoten bereits festgelegt worden. Die restlichen Schaltungsknoten sind durchnummeriert. Die Widerstände, die Spule und der Kondensator sind bereits durch ihre komplexen Leitwerte gekennzeichnet.

Gegeben:

$\underline{I}_e$ (nach Betrag und Phase), ω, G_i, G, L, C

Gesucht:

Knotenspannungen $\underline{U}_1, \underline{U}_2, \underline{U}_3$

Lösung

Wir wollen zunächst das Gleichungssystem für die Knotenspannungen aufstellen. Die Schaltung hat neben dem Bezugsknoten drei weitere Knoten, somit müssen drei Gleichungen erstellt werden. In vereinfachter Matrizenschreibweise sieht das Gleichungssystem prinzipiell folgendermaßen aus:

$$
\begin{array}{l}
\text{Knoten 1:} \\
\text{Knoten 2:} \\
\text{Knoten 3:}
\end{array}
\begin{bmatrix} \underline{I}_{Q1} \\ \underline{I}_{Q2} \\ \underline{I}_{Q3} \end{bmatrix}
=
\begin{bmatrix} \underline{a}_{1,1} & \underline{a}_{1,2} & \underline{a}_{1,3} \\ \underline{a}_{2,1} & \underline{a}_{2,2} & \underline{a}_{2,3} \\ \underline{a}_{3,1} & \underline{a}_{3,2} & \underline{a}_{3,3} \end{bmatrix}
\cdot
\begin{bmatrix} \underline{U}_1 \\ \underline{U}_2 \\ \underline{U}_3 \end{bmatrix}
$$

$$
\begin{array}{ccc}
\text{Stromspalte} & \text{Koeffizientenmatrix} & \text{Spannungsspalte} \\
\underline{I}_{Qk} & \underline{a}_{z,s} = \underline{a}_{zeile,spalte} & \underline{U}_k
\end{array}
$$

Die Ströme $\underline{I}_{Qk}$ und die Koeffizienten $\underline{a}_{z,s}$ können mit Hilfe des in Abschnitt 3 beschriebenen Knotenpotentialverfahrens wie üblich spezifiziert werden, allerdings müssen alle Lösungsschritte in komplexer Form durchgeführt werden.

Im komplexen Bereich lauten die Bildungsgesetze für die Ströme und Koeffizienten folgendermaßen:

$\underline{I}_{Qk}$ = Summe der komplexen Quellenströme am Knoten k (die zum Knoten fließenden Ströme werden positiv, die vom Knoten wegfließenden Ströme negativ gewertet)

$\underline{a}_{k,k}$ = Summe der komplexen Leitwerte am Knoten k (Diagonalkoeffizienten, $z = s = k$)

$\underline{a}_{z,s}$ = $-$ (Summe der komplexen Leitwerte zwischen Knoten z und Knoten s) (Nicht-Diagonalkoeffizienten, $z \neq s$)

Für unser spezielles Beispiel gilt somit:

$$\underline{I}_{Q1} = \underline{I}_e, \quad \underline{I}_{Q2} = 0, \quad \underline{I}_{Q3} = 0$$

$$\underline{a}_{1,1} = G_i - j(1/\omega L), \quad \underline{a}_{2,2} = 2G - j(1/\omega L), \quad \underline{a}_{3,3} = G + j\omega C$$

$$\underline{a}_{1,2} = \underline{a}_{2,1} = j(1/\omega L), \quad \underline{a}_{1,3} = \underline{a}_{3,1} = 0, \quad \underline{a}_{2,3} = \underline{a}_{3,2} = -G$$

Damit ist der erste Lösungsabschnitt, die Aufstellung des Gleichungssystems für die Knotenspannungen, bereits abgeschlossen.

Der zweite Lösungsabschnitt würde die Berechnung der Knotenspannungen $\underline{U}_1$, $\underline{U}_2$ und $\underline{U}_3$ mittels des Gauß-Algorithmus umfassen. Auf eine genaue Darstellung dieses Lösungsteils soll aber verzichtet werden, um den Leser, der die prinzipielle Vorgehensweise ja von Abschnitt 3 her kennt, nicht durch zu lange Rechnungen zu langweilen.

Der Gauß-Algorithmus umfaßt Eliminations- und Rückeinsetzschritte. Die Durchführung dieser Schritte im komplexen Bereich ist aufwendig.

Im ersten Eliminationsschritt müßten beispielsweise Ausdrücke der Form $\underline{a}_{2,2} - \underline{a}_{1,2}\,(\underline{a}_{2,1}/\underline{a}_{1,1})$, $\underline{a}_{2,3} - \underline{a}_{1,3}(\underline{a}_{2,1}/\underline{a}_{1,1})$ usw. gebildet werden. Allein für die Bildung des Ausdrucks $\underline{a}_{2,2} - \underline{a}_{1,2}(\underline{a}_{2,1}/\underline{a}_{1,1})$ sind folgende Rechenoperationen notwendig:

- $\underline{a}_{1,2}$, $\underline{a}_{2,1}$, $\underline{a}_{1,1}$ von der Komponentendarstellung (so liegen die Koeffizienten nach dem Knotenpotentialverfahren normalerweise vor) in die Exponentialdarstellung umrechnen

- Durchführen einer komplexen Division $(\underline{a}_{2,1}/\underline{a}_{1,1})$

- Durchführen einer komplexen Multiplikation $\underline{a}_{1,2}(\underline{a}_{2,1}/\underline{a}_{1,1})$

- Die für $\underline{a}_{1,2}(\underline{a}_{2,1}/\underline{a}_{1,1})$ stehende komplexe Zahl von der Exponentialdarstellung in die Komponentendarstellung überführen und von $\underline{a}_{2,2}$ subtrahieren

Selbstverständlich könnte man auch anders vorgehen. Man könnte beispielsweise den Ausdruck $\underline{a}_{1,2}(\underline{a}_{2,1}/\underline{a}_{1,1})$ zunächst mit dem konjugiert komplexen Wert von $\underline{a}_{1,1}$ erweitern. Damit würden Umwandlungen komplexer Größen von der Komponentendarstellung in die Exponentialdarstellung und umgekehrt entfallen.

Egal welcher Lösungsweg gewählt wird, der Rechenaufwand beim Rechnen mit komplexen Zahlen ist wesentlich höher als beim Rechnen mit reellen Zahlen. Darüberhinaus muß beim rechnergestützten Vorgehen ein erhöhter Speicherbedarf einkalkuliert werden, es müssen ja jeweils Real- und Imaginärteile bzw. Beträge und Winkel abgespeichert werden.

9.3 Frequenzganganalyse von Schaltungen ohne Transistoren

Im vorliegenden Abschnitt soll nun dargestellt werden, wie eine Frequenzganganalyse prinzipiell durchgeführt werden kann. Wir müssen dabei Schaltungen mit nichtlinearen Bauelementen, z.B. Transistoren, ausschließen. Frequenzganganalysen setzen ja grundsätzlich lineare Schaltungen voraus. Allerdings können Transistorverstärker, wie bereits erwähnt, unter bestimmten Bedingungen als lineare Schaltungen angesehen und somit einer Frequenzganganalyse unterzogen werden. Dieser Sonderfall soll aber erst im nächsten Abschnitt aufgegriffen werden.

Die Ergebnisse von Frequenzganganalysen werden normalerweise in Form von Betrags- und Phasen-Frequenzgängen dargestellt. Wir wollen deshalb zunächst erläutern, was man darunter versteht.

Dazu betrachten wir das in Bild 9.3-1 dargestellte lineare Übertragungsglied. Unter einem solchen Gebilde wird, wie bereits in der Einleitung zu Abschnitt 9 angedeutet, eine lineare Schaltung verstanden, die der Signalübertragung dient und die nur eine Eingangs- und eine Ausgangsgröße aufweist.

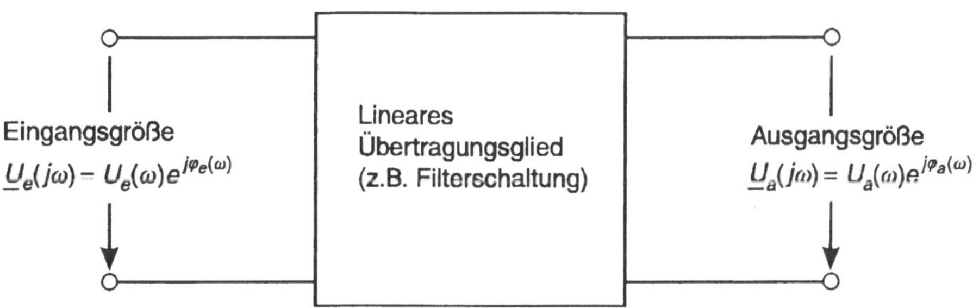

Bild 9.3-1 Lineares Übertragungsglied in Black-Box-Darstellung

Beim Übertragungsglied in Bild 9.3-1 werden Spannungen als Ein- und Ausgangsgröße angenommen. Selbstverständlich könnten stattdessen auch Ströme stehen. Wir wollen in den folgenden Ausführungen, der Einfachheit halber, aber immer von Spannungen ausgehen. Die Spannungen in Bild 9.3-1 sind in komplexer Form geschrieben, wir setzen ja Linearität, sinusförmige Erregung und stationären Zustand voraus.

Durch die Schreibweise $\underline{U}_e = \underline{U}_e(j\omega)$, $\underline{U}_a = \underline{U}_a(j\omega)$ usw. in Bild 9.3-1 und in den folgenden Ausführungen wird betont, daß Erregungen mit veränderlicher Kreisfrequenz ins Auge gefaßt werden.

Um die Abhängigkeit des Übertragungsverhaltens einer Anordnung gemäß Bild 9.3-1 von der Kreisfrequenz darzustellen, kann das Verhältnis der Ausgangsspannung $\underline{U}_a(j\omega)$ zur Eingangsspannung $\underline{U}_e(j\omega)$ gebildet werden:

$$\frac{\underline{U}_a(j\omega)}{\underline{U}_e(j\omega)} = \frac{U_a(\omega)}{U_e(\omega)}e^{j\left(\varphi_a(\omega)-\varphi_e(\omega)\right)} =$$
$$= \frac{\hat{u}_a(\omega)}{\hat{u}_e(\omega)}e^{j\left(\varphi_a(\omega)-\varphi_e(\omega)\right)} = A(\omega)e^{j\varphi(\omega)} \qquad (9.3\text{-}1)$$

Der Betrag $A(\omega)$ des Ausdrucks $\underline{U}_a(j\omega)/\underline{U}_e(j\omega)$ gibt das Verhältnis der Effektivwerte bzw. Amplituden von Ausgangs- und Eingangsgröße in Abhängigkeit von der Kreisfrequenz ω an. Die grafische Darstellung von $A(\omega)$ über der Kreisfrequenz ω bzw. Frequenz f wird als *Betrags-Frequenzgang* bezeichnet.

Der Phasenwinkel $\varphi(\omega)$ des Ausdrucks $\underline{U}_a(j\omega)/\underline{U}_e(j\omega)$ gibt die Phasenverschiebung zwischen Eingangs- und Ausgangsgröße in Abhängigkeit von der Kreisfrequenz ω an. Die grafische Darstellung von $\varphi(\omega)$ über der Kreisfrequenz ω bzw. Frequenz f wird als *Phasen-Frequenzgang* bezeichnet.

Im Rahmen der Berechnung von $A(\omega)$ und $\varphi(\omega)$ muß zunächst das Verhältnis $\underline{U}_a(j\omega)/\underline{U}_e(j\omega)$ gebildet werden. Da lineare Schaltungen zugrundegelegt werden, kann bei der Bildung des Verhältnisses $\underline{U}_a(j\omega)/\underline{U}_e(j\omega)$ eine beliebige Erregung $\underline{U}_e(j\omega)$ vorgegeben werden.

Man wählt zweckmäßigerweise $\underline{U}_e(j\omega) = U_e = 1\,\text{V}$, dann entspricht das Verhältnis $\underline{U}_a(j\omega)/\underline{U}_e(j\omega)$ der Ausgangsgröße $\underline{U}_a(j\omega)$. Diese Spannung kann wie üblich mit Hilfe des Knotenpotentialverfahrens und des Gauß-Algorithmus berechnet werden. Der Betrag bzw. die Phase von $\underline{U}_a(j\omega)$ entspricht dann $A(\omega)$ bzw. $\varphi(\omega)$.

Bei der Erstellung von Betrags- und Phasen-Frequenzgang „per Hand", ohne Rechner, werden $A(\omega)$ und $\varphi(\omega)$ des in Betracht gezogenen Übertragungsglieds nur einmal allgemein berechnet. Anschließend werden die Ausdrücke $A(\omega)$ und $\varphi(\omega)$ als Funktion der Frequenz grafisch dargestellt.

Im Verlauf einer rechnergestützten Analyse können die allgemeinen Ausdrücke für $A(\omega)$ und $\varphi(\omega)$ nicht ohne weiteres ermittelt werden. Deshalb ist eine etwas umständlichere Vorgehensweise notwendig. Man muß für aufeinanderfolgende Kreisfrequenzen ω_n ($n = 1, 2, \dots$) immer wieder das Knotenpotentialverfahren und den Gauß-Algorithmus bemühen und $A(\omega_n)$ sowie $\varphi(\omega_n)$ immer wieder vollständig neu berechnen. Die berechneten Werte werden nach jedem Lösungsschritt in entsprechende Diagramme „geplottet". Die so gewonnenen Betrags- und Phasen-Frequenzgänge sind selbstverständlich nur dann sinnvoll, wenn die Kreisfrequenzen ω_n genügend eng aufeinanderfolgen bzw. wenn genügend viele Stützpunkte S für den Aufbau der Diagramme verwendet werden.

Die prinzipielle Vorgehensweise bei der Erstellung von Betrags- und Phasen-Frequenzgang mittels eines Rechenprogramms soll im folgenden anhand eines einfachen Beispiels verdeutlicht werden.

Beispiel: Doppel-Tiefpaß

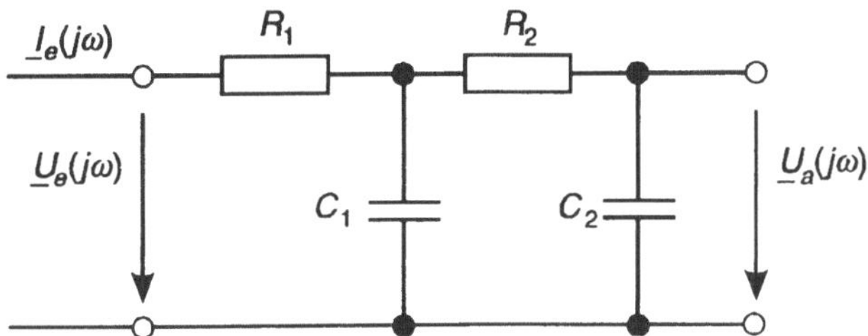

Gegeben:

R_1, R_2, C_1, C_2

Gesucht:

Betrags- und Phasen-Frequenzgang. Frequenzbereich: ω_{min} bis ω_{max}

Vorbereitungsschritte für die Lösung

— Widerstandswerte in Leitwerte umrechnen ($G_1 = 1/R_1$, $G_2 = 1/R_2$)

— Bezugsknoten (0) festlegen, restliche Schaltungsknoten fortlaufend nummerieren. Die höchste Knotennummer $k$max und die niedrigste Knotennummer 0 sollen dabei den Knoten zugeordnet werden, zwischen denen die Eingangsspannung $\underline{U}_e(j\omega)$ liegt. Der Grund für diese spezielle Nummerierung ergibt sich aus den folgenden Ausführungen

— Anzahl der Stützpunkte S für den Aufbau der Diagramme wählen.

— $\underline{U}_e(j\omega) = U_e = 1\ \text{V}$ setzen

Da wir für den Aufbau der Diagramme S Stützpunkte gewählt haben, sind entsprechend viele gleichartige Lösungsschritte zu durchlaufen. Im folgenden soll der n-te Lösungsschritt ($n = 0, 1, \ldots, S$) dargestellt werden.

Lösungsschritt n (n = 0, 1, ... , S)

— Kreisfrequenz ω_n bestimmen

$$\omega_n = \omega_{min} + (\omega_{max} - \omega_{min})\,\frac{n}{S}$$

— Komplexe Leitwerte der Energiespeicher für die Kreisfrequenz ω_n berechnen, Schaltbild entsprechend spezifizieren

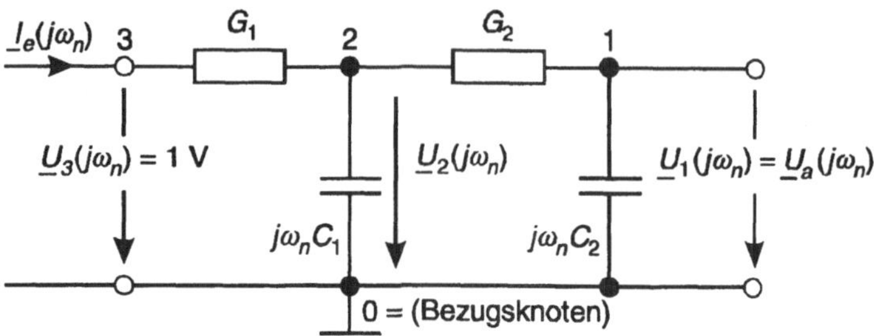

– Gleichungssystem für die Knotenspannungen mit Hilfe des Knotenpotentialverfahrens (vgl. Abschnitt 9.2) aufstellen:

$$
\begin{array}{lll}
\text{Knoten 1:} & 0 & = (G_2 + j\omega_n C_2)\,\underline{U}_1(j\omega_n) + \\
\text{Knoten 2:} & 0 & = (\quad -G_2\quad)\,\underline{U}_1(j\omega_n) + \\
\text{Knoten 3:} & \underline{I}_e(j\omega_n) = (\quad 0\quad)\,\underline{U}_1(j\omega_n) +
\end{array}
$$

$$
\begin{aligned}
&+ (\quad -G_2\quad)\,\underline{U}_2(j\omega_n) + (\ 0\ )\,\underline{U}_3(j\omega_n) \\
&+ (G_1 + G_2 + j\omega_n C_1)\,\underline{U}_2(j\omega_n) + (-G_1)\,\underline{U}_3(j\omega_n) \\
&+ (\quad -G_1\quad)\,\underline{U}_2(j\omega_n) + (+G_1)\,\underline{U}_3(j\omega_n)
\end{aligned}
$$

Der Leser erkennt sicherlich sofort, daß ein Sonderfall vorliegt. Wir haben zwar wie üblich drei Gleichungen für drei Knotenspannungen erzeugt, aber eine dieser Knotenspannungen ist vorgegeben und somit bekannt, es gilt $\underline{U}_3(j\omega_n) = 1\,\mathrm{V}$. Dafür taucht im Gleichungssystem der zum Knoten 3 fließende unbekannte Strom $\underline{I}_e(j\omega_n)$ auf. Letzterer interessiert aber überhaupt nicht. Deshalb kann die Gleichung für Knoten 3 völlig weggelassen werden. Damit erhält man zwei Gleichungen für die beiden unbekannten Knotenspannungen $\underline{U}_1(j\omega_n)$ und $\underline{U}_2(j\omega_n)$. Die rechten Terme dieser Gleichungen kann man unter Berücksichtigung der Beziehung $\underline{U}_3(j\omega_n) = 1\,\mathrm{V}$ noch auf die linke Seite verschieben, damit erhält man das folgende Gleichungssystem:

$$
\begin{array}{ll}
\text{Knoten 1:} & 0 = (G_2 + j\omega_n C_2)\,\underline{U}_1(j\omega_n) + (\quad -G_2\quad)\,\underline{U}_2(j\omega_n) \\
\text{Knoten 2:} & G_1 \cdot 1\,\mathrm{V} = (\quad -G_2\quad)\,\underline{U}_1(j\omega_n) + (G_1 + G_2 + j\omega_n C_1)\,\underline{U}_2(j\omega_n)
\end{array}
$$

– Knotenspannungen $\underline{U}_1(j\omega_n)$ und $\underline{U}_2(j\omega_n)$ mit Hilfe des Gauß-Algorithmus berechnen, $\underline{U}_1(j\omega_n) = \underline{U}_a(j\omega_n)$ durch 1 V teilen. Betrag und Phase der entsprechenden komplexen Zahl ermitteln. Der Betrag ist identisch mit $A(\omega_n)$, die Phase ist identisch mit $\varphi(\omega_n)$

$- \quad A(\omega_n), \; \varphi(\omega_n)$ plotten

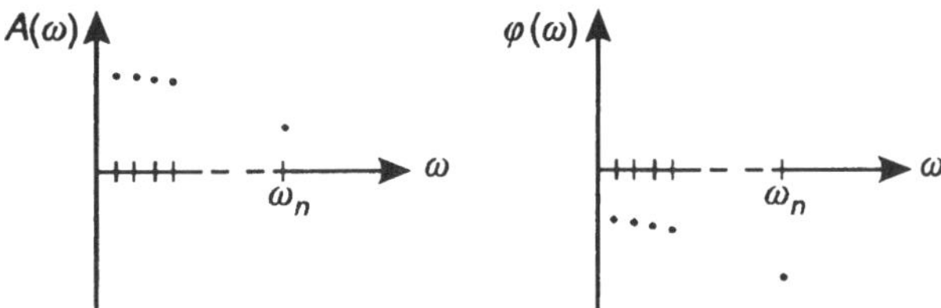

Am Beispiel wurde demonstriert, daß für die Berechnung des Betrags- und Phasen-Frequenzgangs ein *reduziertes Gleichungssystem* ausreicht. Die Zeile drei des ursprünglichen Gleichungssystems konnte entfallen, die Spalte 3 des ursprünglichen Gleichungssystems wurde durch Subtraktion nach links „verschoben". Dabei wurde allerdings vorausgesetzt, daß die höchste Knotennummer $k\mathrm{max} = 3$ und die niedrigste Knotennummer 0 den Knoten zugeordnet sind, zwischen denen die Eingangsgröße liegt.

Zusätzlich wurde noch vorausgesetzt, daß $\underline{U}_e(j\omega_n) = U_e = 1\,\mathrm{V}$ gilt.

Das spezielle Beispiel kann selbstverständlich verallgemeinert werden. Unter den oben aufgeführten Voraussetzungen kann das reduzierte Gleichungssystem für ein lineares Übertragungsglied mit $k\mathrm{max}$ Knoten sofort, ohne Umweg über das vollständige Gleichungssystem, aufgestellt werden. Es hat in vereinfachter Matrizenschreibweise folgende Form:

$$\begin{bmatrix} \underline{I}_{Q1} - \underline{a}_{1,k\mathrm{max}} \cdot 1\,\mathrm{V} \\ \vdots \\ \underline{I}_{Qk\,\mathrm{max}-1} - \underline{a}_{k\mathrm{max}-1,k\mathrm{max}} \cdot 1\,\mathrm{V} \end{bmatrix} =$$

$$\text{Stromspalte}$$

$$= \begin{bmatrix} \underline{a}_{1,1} & \cdots & \underline{a}_{1,k\mathrm{max}-1} \\ & \vdots & \\ \underline{a}_{k\mathrm{max}-1,1} & \cdots & \underline{a}_{k\mathrm{max}-1,k\mathrm{max}-1} \end{bmatrix} \cdot \begin{bmatrix} \underline{U}_1 \\ \vdots \\ \underline{U}_{k\mathrm{max}-1} \end{bmatrix} \qquad (9.3\text{-}2)$$

$$\text{Koeffizientenmatrix} \qquad \text{Spannungsspalte}$$

Eigentlich müßte im Gleichungssystem (9.3-2) statt $\underline{I}_{Q1}$, $\underline{a}_{1,1}$ usw. jeweils $\underline{I}_{Q1}(j\omega_n)$, $\underline{a}_{1,1}(j\omega_n)$ usw. stehen. Letzteres wurde aber im Sinne einer kompakten Schreibweise unterlassen. Die Ströme und Koeffizienten des Gleichungssystems können wie üblich mit Hilfe der in Abschnitt 3.3 bzw. 9.2 beschriebenen Bildungsgesetze berechnet werden.

Wenn Frequenzgänge von Schaltungen mit Operationsverstärkern bzw. mit entsprechenden linearen Operationsverstärker-Modellen berechnet werden sollen, kann man prinzipiell genauso wie im vorliegenden Abschnitt beschrieben vorgehen. Bei der Aufstellung des Gleichungssystems muß man allerdings die im Operationsverstärker-Modell enthaltene gesteuerte Stromquelle besonders berücksichtigen. Die dazu notwendige Vorgehensweise ist bereits behandelt worden, sie kann Abschnitt 7 entnommen werden.

9.4 Sonderfall Kleinsignal-Transistorverstärker

Im vorangegangenen Abschnitt wurde die prinzipielle Vorgehensweise bei der Frequenzganganalyse linearer Übertragungsglieder erläutert. Dabei wurden Transistorverstärker zunächst nicht berücksichtigt.

Im vorliegenden Abschnitt wird nun gezeigt, daß sich Kleinsignal-Transistorverstärker wie lineare Übertragungsglieder verhalten und somit auch einer Frequenzganganalyse unterzogen werden können. Wir wollen diesen Sonderfall anhand eines speziellen, aber wieder leicht zu verallgemeinernden Beispiels behandeln. Die in Betracht gezogene einfache Verstärkerschaltung ist in Bild 9.4-1 dargestellt.

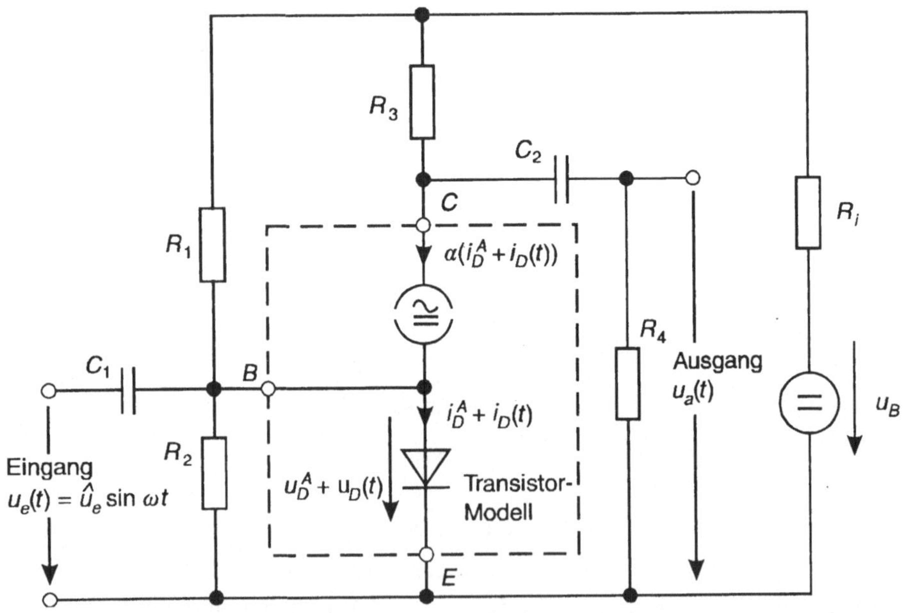

Bild 9.4-1 Transistorverstärker in Emitterschaltung

Unsere Beispielsschaltung enthält bereits das in Abschnitt 8 eingeführte Transistor-Modell, allerdings in der einfachen Form gemäß Bild 8.2-1, ohne eingefügtes Dioden-Ersatzschaltbild.

Der *Arbeitspunkt* des Transistors, bzw. der im Modell enthaltenen Basis-Emitter-Diode, ist der Punkt auf der Diodenkennlinie, der sich einstellt, wenn man das Eingangssignal entfernt. Der Arbeitspunkt der Diode in unserer Beispielsschaltung soll bei i_D^A bzw. u_D^A liegen. Er kann über die Widerstände R_1, R_2, R_3 sowie über die Gleichspannungsquelle u_B mit Innenwiderstand R_i festgelegt werden. In Bild 9.4-2 ist die Diodenkennlinie mit Arbeitspunkt sowie einer am Arbeitspunkt angelegten Tangente dargestellt.

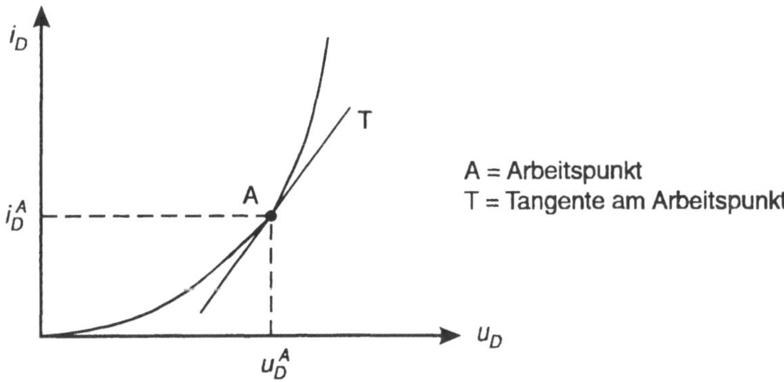

Bild 9.4-2 Kennlinie der im Transistor-Modell enthaltenen Diode mit Arbeitspunkt

Wenn ein Eingangssignal $u_e(t)$ an der Verstärkerschaltung liegt, wird die Diodenkennlinie um den Arbeitspunkt herum ausgesteuert. D.h. dem Strom i_D^A bzw. der Spannung u_D^A wird eine vom Eingangssignal herrührende Komponente $i_D(t)$ bzw. $u_D(t)$ überlagert.

Wenn das Eingangssignal $u_e(t)$ eine im Verhältnis zur Arbeitspunktspannung u_D^A kleine Amplitude aufweist, spricht man von Kleinsignalbetrieb bzw. von einem *Kleinsignal-Transistorverstärker*. In diesem Fall wird die Diodenkennlinie nur geringfügig um den Arbeitspunkt herum ausgesteuert. In diesem kleinen „Aussteuerungsbereich" entspricht die Diodenkennlinie dann praktisch der an ihrem Arbeitspunkt anliegenden Tangente und der Transistorverstärker verhält sich wie ein lineares Übertragungsglied.

Die Berechnung eines Kleinsignal-Transistorverstärkers kann somit vereinfacht werden, indem man die Diode im Transistor-Modell durch ein lineares Ersatzschaltbild ersetzt, dessen Strom-Spannungs-Kennlinie der Tangente am Arbeitspunkt der Diodenkennlinie entspricht. Mit Hilfe einer solchen *Kennlinien-Linearisierung* kann also offensichtlich ein für kleine Aussteuerungen um den Arbeitspunkt herum geeignetes lineares Verstärker-Ersatzschaltbild erzeugt werden. Durch einige Modifikationen kann dieses zunächst für Gleich- und überlagerte Wechselspannungen geltende Ersatzschaltbild in ein reines Wechselstrom-Ersatzschaltbild umgewandelt werden. Anhand der auf diese Weise gewonnenen Schaltung kann nun der Betrags- und Phasen-Frequenzgang des Verstärkers, genau wie im vorangegangenen Abschnitt beschrieben, ermittelt werden.

Der aufmerksame Leser wird nun bereits das Gerüst eines Vorgehensplans für die Frequenzganganalyse eines Kleinsignal-Transistorverstärkers erkennen. Folgende Schritte müssen „abgearbeitet" werden:

—   Berechnen des Arbeitspunktes (bzw. der Arbeitspunkte, wenn ein mehrstufiger Verstärker in Betracht gezogen wird)

—   Durchführen der Kennlinien-Linearisierung (bzw. der Kennlinien-Linearisierungen, wenn ein mehrstufiger Verstärker in Betracht gezogen wird)

—   Umwandeln des mittels der ersten beiden Vorgehensschritte gewonnenen Ersatzschaltbildes in ein reines Wechselstrom-Ersatzschaltbild

—   Durchführen der eigentlichen Frequenzganganalyse gemäß Abschnitt 9.3 unter Zugrundelegung des in den ersten drei Vorgehensschritten ermittelten Wechselstrom-Ersatzschaltbildes

Dieser zunächst recht grobe Vorgehensplan wird in den folgenden Ausführungen selbstverständlich noch ausführlich erläutert und detailliert, so daß der Leser eine Vorstellung vom Aufbau eines entsprechenden Rechenprogramms gewinnen kann.

9.5   Frequenzganganalyse von Kleinsignal-Transistorverstärkern

Im vorangegangenen Abschnitt wurde die grundsätzliche Vorgehensweise bei der Frequenzganganalyse von Kleinsignal-Transistorverstärkern angedeutet. Der Vorgehensplan (Arbeitspunkt berechnen, Kennlinie linearisieren, Wechselstrom-Ersatzschaltbild erstellen, Frequenzganganalyse durchführen) soll nun anhand eines speziellen Beispiels verdeutlicht und ausgebaut werden. Als Beispiel soll wieder die schon in Bild 9.4-1 vorgestellte Verstärkerschaltung dienen. Die Schaltung wird im folgenden noch einmal dargestellt, allerdings in einer etwas veränderten Form: Die Spannungsquelle mit Innenwiderstand ist durch eine äquivalente Stromquelle ersetzt, statt der Widerstände sind Leitwerte angegeben und alle Schaltungsknoten sind nummeriert.

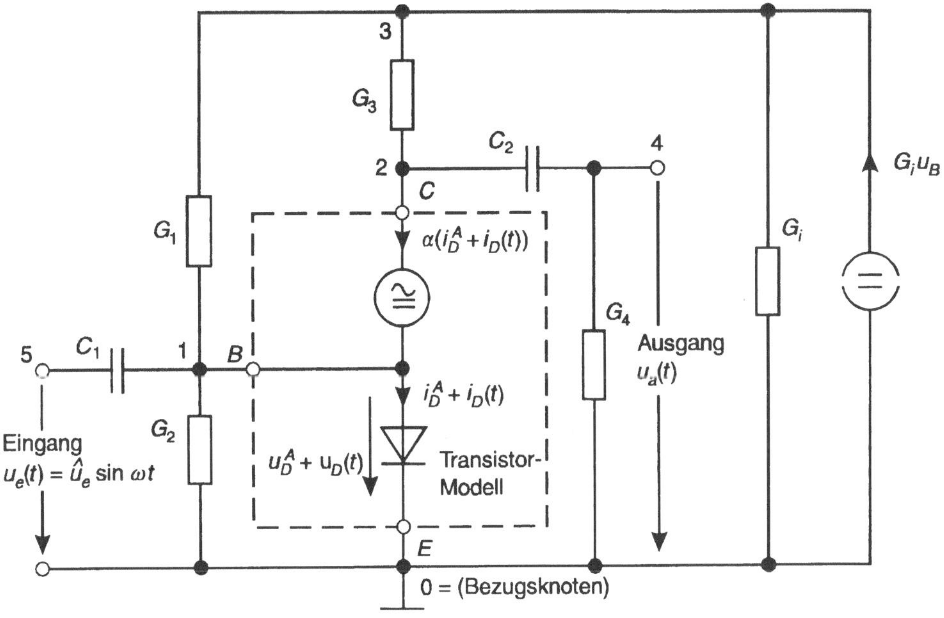

Gegeben:

Alle Bauelementedaten

Gesucht:

Betrags- und Phasen-Frequenzgang

Lösungsschritt 1 – Entwickeln eines Gleichstrom-Ersatzschaltbildes für die Arbeitspunktberechnung

Eine Arbeitspunktberechnung kann anhand eines Gleichstrom-Ersatzschaltbildes durchgeführt werden. Bei der Entwicklung eines solchen Ersatzschaltbildes wird davon ausgegangen, daß keine Signalquelle an der in Betracht gezogenen Schaltung liegt. Man berücksichtigt nur die der Arbeitspunkteinstellung dienende Gleichstromquelle. Dann kann man davon ausgehen, daß alle in der Schaltung vorkommenden Spannungen und Ströme gleichförmig sind (wir setzen in Abschnitt 9 immer den stationären Zustand voraus!). Deshalb können auch die Kondensatoren aus der Schaltung entfernt werden, sie stellen für Gleichströme nur wirkungslose Unterbrechungen dar. Entsprechend könnten evtl. in der Schaltung vorhandene Spulen einfach durch Kurzschlüsse ersetzt werden (ideale Bauelemente vorausgesetzt).

Wenn man unsere Beispielsschaltung wie beschrieben modifiziert, erhält man das im folgenden aufgeführte Gleichstrom-Ersatzschaltbild.

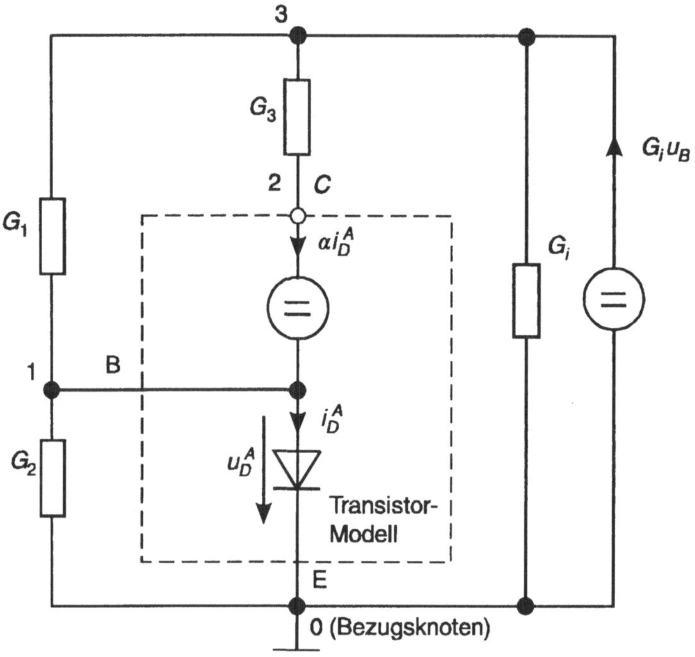

Lösungsschritt 2 – Einbinden des Newton-Verfahrens in die Arbeitspunktberechnung

Das in Lösungsschritt 1 entwickelte Gleichstrom-Ersatzschaltbild enthält neben Stromquellen und Leitwerten eine Diode. Die Berechnung des Arbeitspunktes u_D^A geschieht deshalb zweckmäßigerweise mit Hilfe des uns schon bekannten Newton-Verfahrens.

Die Anwendung des Newton-Verfahrens bedingt ein weiterentwickeltes Transistor-Modell, bei dem die Basis-Emitter-Diode durch ein lineares Ersatzschaltbild ersetzt ist. Ein solches Modell ist bereits in Abschnitt 8 erläutert worden, es kann Bild 8.2-3 entnommen werden. Wenn man dieses Modell in das im Lösungsschritt 1 entwickelte Gleichstrom-Ersatzschaltbild einfügt, gelangt man zu dem im folgenden dargestellten Ersatzschaltbild. Es gilt für den m-ten Iterationsschritt des Newton-Verfahrens.

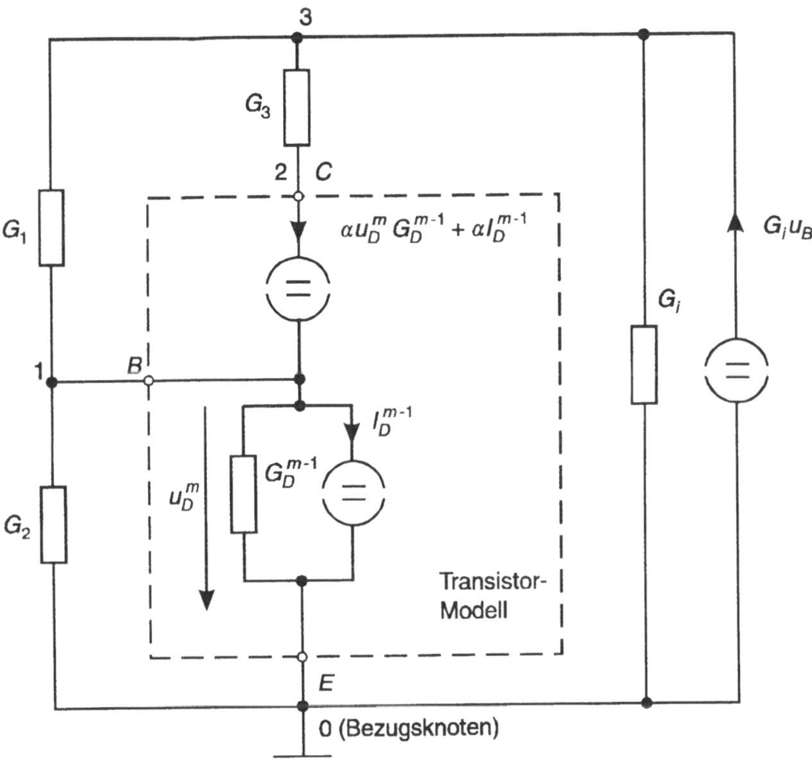

Lösungsschritt 3 – Berechnen des Arbeitspunktes mit Hilfe des Newton-Verfahrens

Anhand des in Lösungsschritt 2 entwickelten Ersatzschaltbildes kann nun der Arbeitspunkt u_D^A mit Hilfe des Newton-Verfahrens berechnet werden.

Im Newton-Verfahren „steckt" bekanntlich auch das Knotenpotentialverfahren. Wir müssen, da wir eine Transistorschaltung behandeln, das gemäß Abschnitt 8 erweiterte Knotenpotentialverfahren mit Berücksichtigung der im Transistor-Modell enthaltenen gesteuerten Stromquelle verwenden.

Wenn die im Lösungsschritt 2 entwickelte Schaltung dem Newton-Iterationsprozeß unterzogen wird, nähern sich die Werte für u_D^m, G_D^{m-1} und I_D^{m-1} immer mehr ihren Grenzwerten u_D^A, G_D^A und I_D^A. D.h. wenn die Schrittzahl m groß genug ist, gilt:

$$u_D^{m-1} \approx u_D^m \approx u_D^A$$

$$G_D^{m-1} \approx G_D^m \approx G_D^A$$

$$I_D^{m-1} \approx I_D^m \approx I_D^A$$

$$\alpha\, u_D^m\, G_D^{m-1} + \alpha\, I_D^{m-1} \approx \alpha\, u_D^A\, G_D^A + \alpha\, I_D^A$$

Im letzten Iterationsschritt kann man also (einen genügend kleinen Abbruchwert ε des Newton-Verfahrens vorausgesetzt) davon ausgehen, daß die im folgenden Bild dargestellten Verhältnisse herrschen. Insbesondere entspricht dann die Spannung zwischen dem Knoten 1 und dem Bezugsknoten der Arbeitspunktspannung.

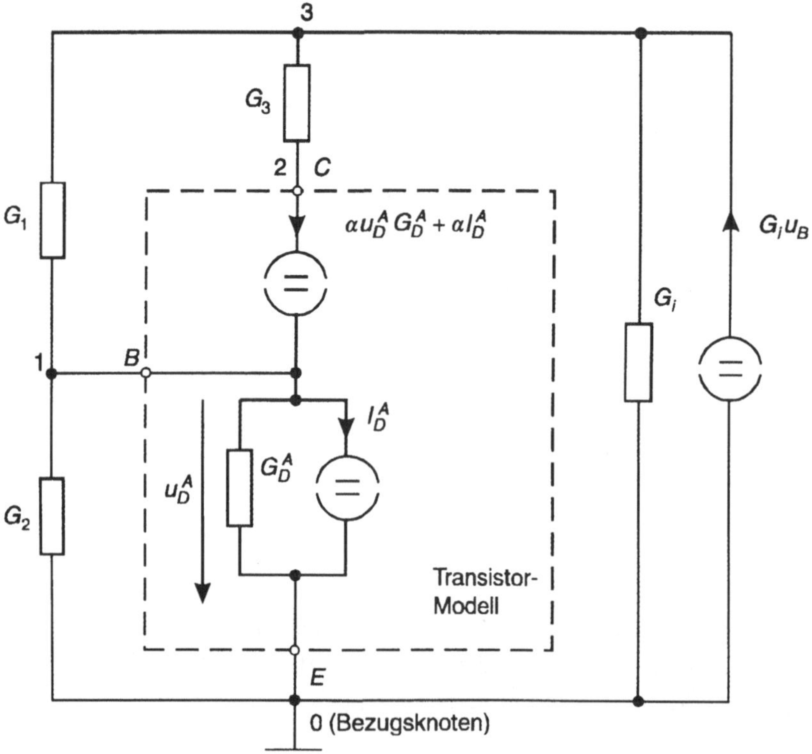

Lösungsschritt 4 – Linearisieren der Kennlinie

Der Leser, dem das Newton-Verfahren noch gegenwärtig ist, weiß, daß im letzten Iterationsschritt auch davon ausgegangen werden kann, daß die Strom-Spannungskennlinie des Diodenersatzschaltbildes (G_D^A // I_D^A) der Tangente am Arbeitspunkt der Diodenkennlinie entspricht. Wir haben also mit Hilfe des Newton-Verfahrens nicht nur die Arbeitspunktspannung berechnet, wir haben zusätzlich die Kennlinien-Linearisierung „erledigt".

Der Leser, dem diese Zusammenhänge noch nicht ganz klar sind, sollte evtl. noch einmal die Bilder 5.2-2 und 9.4-2 zu Rate ziehen und vergleichen.

Lösungsschritt 5 – Entwickeln eines für Gleich- und Wechselströme gültigen Ersatzschaltbildes

Nachdem nun Arbeitspunktberechnung und Kennlinien-Linearisierung abgeschlossen sind, kann mit der Entwicklung eines linearen Ersatzschaltbildes für unseren Transistorverstärker begonnen werden.

Dazu benützen wir das im Lösungsschritt 3 gewonnene lineare Transistor-Modell. Es gilt für kleine Aussteuerungen um den Arbeitspunkt herum. Dieses Modell wird in unsere ursprüngliche Beispielsschaltung eingesetzt. Damit erhalten wir die im folgenden Bild dargestellte Schaltung. Sie stellt ein lineares Ersatzschaltbild unserer ursprünglichen Verstärkerschaltung dar, gültig für Gleich- und überlagerte Wechselgrößen, unter der Voraussetzung kleiner Eingangssignale.

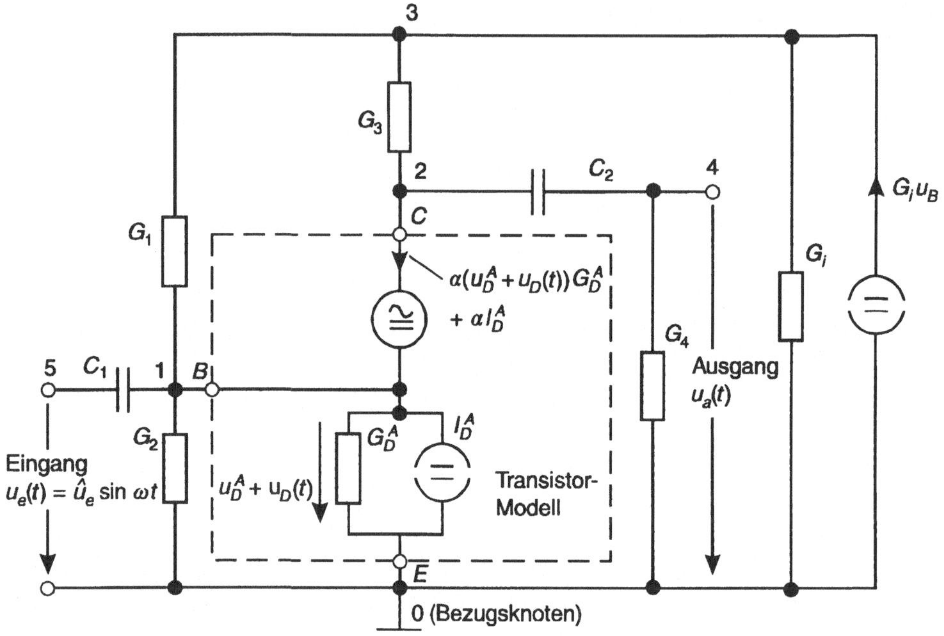

Lösungsschritt 6 – Entwickeln eines Wechselstrom-Ersatzschaltbildes

Die Umformung des im Lösungsschritt 5 gewonnenen Ersatzschaltbildes in ein reines Wechselstrom-Ersatzschaltbild ist recht einfach, wenn man sich an das für lineare Schaltungen geltende Überlagerungsgesetz (vgl. z.B. [1]) erinnert.

Das Überlagerungsgesetz kann folgendermaßen formuliert werden:

In einer linearen Schaltung mit mehreren Quellen sind alle in der Schaltung auftretenden Spannungen bzw. Ströme als Summe der Teilspannungen bzw. Teilströme darstellbar, die sich ergeben, wenn man jeweils nur eine Quelle wirken läßt und wenn man die gerade nicht berücksichtigten Spannungs- bzw. Stromquellen durch Kurzschlüsse bzw. Unterbrechungen ersetzt.

Mit anderen Worten:

Wenn wir uns nur für die Wirkung der sinusförmigen Eingangsspannung in unserer Beispielsschaltung interessieren, und das ist ja im Rahmen einer Frequenzganganalyse der Fall, können wir alle Gleichstromquellen durch Unterbrechungen ersetzen bzw. aus der Schaltung entfernen. Entsprechend könnten evtl. in der Schaltung vorhandene Gleichspannungsquellen einfach durch Kurzschlüsse ersetzt werden. Damit entfallen dann auch alle in der Schaltung auftretenden Gleichgrößen. Auf diese Weise erhalten wir das gesuchte, für kleine Eingangssignale gültige lineare Wechselstrom-Ersatzschaltbild unserer ursprünglichen

Beispielsschaltung. Es ist im folgenden dargestellt. Da in der Schaltung nur sinusförmige Größen auftauchen, können auch alle in der Schaltung vorkommenden Spannungen und Ströme in komplexer Form angegeben werden.

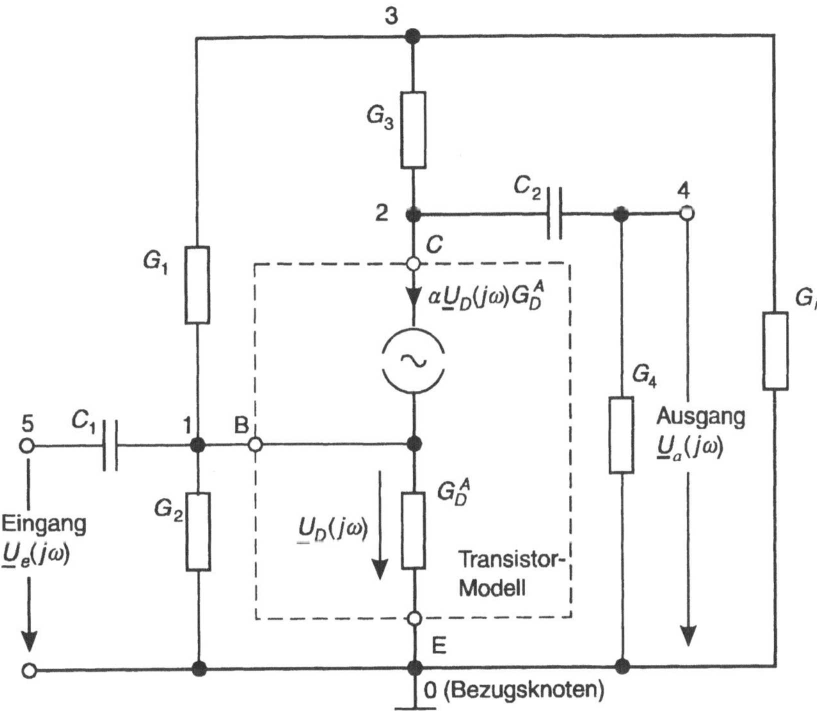

Lösungsschritt 7 – Durchführen der Frequenzganganalyse

Auf der Grundlage des im Lösungsschritt 6 gewonnenen Wechselstrom-Ersatzschaltbildes kann nun die eigentliche Frequenzganganalyse, genau wie im Abschnitt 9.3 beschrieben, durchgeführt werden.

Die Schaltung enthält allerdings ein lineares Transistor-Modell, bestehend aus einem Leitwert und einer gesteuerten Stromquelle. Letztere muß bei der Aufstellung des Gleichungssystems berücksichtigt werden. Da das lineare Transistor-Modell nur eine vereinfachte Form unseres bereits in Abschnitt 8 beschriebenen Transistor-Modells darstellt, kann man bei der Aufstellung des Gleichungssystems die in Abschnitt 8 beschriebene Vorgehensweise nahezu vollständig übernehmen. Man muß im entsprechenden Vorgehensplan nur den Strom I_D^{m-1} gleich Null setzen und statt des Leitwertes G_D^{m-1} den Leitwert G_D^A verwenden.

Wenn man diese Substitutionen durchführt, gelangt man zu folgenden Regeln:

- Aufstellen des (komplexen) Gleichungssystems für das Wechselstrom-Ersatzschaltbild mittels des Knotenpotentialverfahrens, zunächst ohne Berücksichtigung der gesteuerten Stromquelle

- Berücksichtigen der gesteuerten Stromquelle durch Modifikation von vier Gleichungs-Koeffizienten. Wenn die Basis des Transistors beispielsweise am Knoten B, der Kollektor beispielsweise am Knoten C und der Emitter beispielsweise am Knoten E angebunden ist, müssen folgende Modifikationen durchgeführt werden:

Wenn $B \neq 0$: $\underline{a}_{B,B} := \underline{a}_{B,B} - \alpha G_D^A$ (Koeff.-Matrix Zeile B / Spalte B)

Wenn $B \neq 0$ und $E \neq 0$: $\underline{a}_{B,E} := \underline{a}_{B,E} + \alpha G_D^A$ (Koeff.-Matrix Zeile B / Spalte E)

Wenn $C \neq 0$ und $B \neq 0$: $\underline{a}_{C,B} := \underline{a}_{C,B} + \alpha G_D^A$ (Koeff.-Matrix Zeile C / Spalte B)

Wenn $C \neq 0$ und $E \neq 0$: $\underline{a}_{C,E} := \underline{a}_{C,E} - \alpha G_D^A$ (Koeff.-Matrix Zeile C / Spalte E)

Der Lösungsschritt 7 führt nun endlich zum gesuchten Betrags- und Phasen-Frequenzgang unserer Beispielsschaltung.

Der Leser, der die letzten Abschnitte aufmerksam studiert hat, wird sich nun sicherlich schon eine recht genaue Vorstellung von einer rechnergestützten Frequenzganganalyse machen können. Im nächsten Abschnitt wird, wie üblich in diesem Buch, der Inhalt der letzten Abschnitte zusammengefaßt, verallgemeinert und in Form von (überraschend einfach aussehenden) Struktogrammen dargestellt.

9.6 Zusammenfassung

Allgemeines

Mit Hilfe von Knotenpotentialverfahren und Gauß-Algorithmus (jeweils in komplexer Form angewendet) können Frequenzganganalysen von linearen Übertragungsgliedern durchgeführt werden. Die Übertragungsglieder können Widerstände bzw. Leitwerte, Spulen, Kondensatoren und Operationsverstärker bzw. lineare Operationsverstärker-Modelle enthalten. Die Ergebnisse von Frequenzganganalysen werden in Form von Betrags- und Phasen-Frequenzgängen dargestellt.

Frequenzganganalysen von Kleinsignal-Transistorverstärkern sind ebenfalls möglich, allerdings müssen dabei zunächst lineare Wechselstrom-Ersatzschaltbilder entwickelt werden. Im Rahmen der Entwicklung dieser Ersatzschaltbilder sind

Arbeitspunktberechnungen und Kennlinien-Linearisierungen erforderlich, diese Vorgehensschritte können mit Hilfe des Newton-Verfahrens durchgeführt werden.

Vorbereitung der Frequenzganganalyse

- Schaltung in den Rechner eingeben, Verbindungsliste erzeugen. Diese Verbindungsliste soll als *Verbindungsliste I* bezeichnet werden, um sie von einer im folgenden noch zu bildenden Verbindungsliste II zu unterscheiden

- Evtl. in der Schaltung vorhandene Spannungsquellen mit Innenwiderständen durch äquivalente Stromquellen ersetzen, alle Widerstandswerte in Leitwerte umrechnen, Verbindungsliste I entsprechend ändern

- Bezugsknoten (0) festlegen, restliche Schaltungsknoten fortlaufend nummerieren, Verbindungsliste I entsprechend ändern. Bei der Nummerierung darauf achten, daß die höchste Knotennummer kmax und die niedrigste Knotennummer 0 den Knoten zugeordnet werden, zwischen denen die Eingangsgröße $\underline{U}_e(j\omega)$ liegt

- Datenfelder für die im Rahmen des Knotenpotentialverfahrens und des Gauß-Algorithmus zu berechnenden Ströme, Koeffizienten und Spannungen reservieren (Stromspalte, Koeffizientenmatrix, Spannungsspalte, jeweils für Real- und Imaginärteile)

- Frequenzbereich ω_{min}, ω_{max} und Anzahl der Diagrammstützpunkte S festlegen und in eine Parameterliste eintragen

Wenn die Schaltung Operationsverstärker enthält, wird ein weiterer Vorbereitungsschritt notwendig:

- Alle Operationsverstärker in der Verbindungsliste I durch „unvollständige Modelle" ersetzen (gemäß Bild 7.4-1, aber ohne gesteuerte Stromquelle)

Wenn ein Kleinsignal-Transistorverstärker vorliegt, werden wiederum zusätzliche Vorbereitungsschritte für die Arbeitspunktberechnungen und Kennlinien-Linearisierungen erforderlich:

- Eine Kopie der Verbindungsliste I anfertigen. Diese Kopie soll als *Verbindungsliste II* bezeichnet werden (Verbindungsliste II wird für die Entwicklung des Gleichstrom-Ersatzschaltbildes aus der in Verbindungsliste I abgelegten ursprünglichen Schaltung benötigt)

- Alle Kondensatoren aus der Verbindungsliste II entfernen

- Alle Spulen in der Verbindungsliste II durch Kurzschlüsse ersetzen

- Alle Transistoren in der Verbindungsliste II durch „unvollständige Modelle" ersetzen (gemäß Bild 8.4-1 bzw. 8.4-2, aber ohne gesteuerte Stromquelle)

- Startspannungen für das Newton-Verfahren festlegen und in eine Arbeitspunktliste eintragen

- Abbruchwert ε für das Newton-Verfahren festlegen und in die Parameterliste eintragen

Durchführen der Frequenzganganalyse

Übersicht:

<table>
<tr><td>

Wenn die Verbindungsliste Transistoren enthält:
  Arbeitspunkte berechnen, Kennlinien linearisieren, lineare Wechselstrom-Ersatz-schaltbilder entwickeln
  $\Rightarrow$ vgl. Unterprogramm „Vorbereitung der Frequenzganganalyse"

</td></tr>
<tr><td>

$n := 0$

</td></tr>
<tr><td>

$$\omega := \omega_{min} + (\omega_{max} - \omega_{min})\frac{n}{S}$$

Komplexe Leitwerte aller in Verbindungsliste I enthaltenen Spulen und Kondensatoren für die Kreisfrequenz ω_n bilden, in Verbindungsliste I eintragen

Knotenpotentialverfahren in komplexer Form unter Zugrundelegung von Verbindungsliste I durchführen, reduziertes Gleichungssystem (wie in Abschnitt 9.3 beschrieben) aufstellen

Wenn Verbindungsliste I Operationsverstärker enthält:
  Knotenpotentialverfahren wie in Abschnitt 7.4 beschrieben erweitern, um die in den Operationsverstärker-Modellen enthaltenen gesteuerten Stromquellen zu berücksichtigen

Wenn Verbindungsliste I Transistoren enthält:
  Knotenpotentialverfahren erweitern, um die in den Transistor-Modellen enthaltenen gesteuerten Stromquellen zu berücksichtigen
  $\Rightarrow$ vgl. Unterprogramm „Gesteuerte Stromquellen in den linearen Transistor-Modellen berücksichtigen"

Knotenspannungen $\underline{U}_1(j\omega_n)$, $\underline{U}_2(j\omega_n)$, ... mit Hilfe des in komplexer Form durchzuführenden Gauß-Algorithmus berechnen

Ausgangsspannung $\underline{U}_a(j\omega_n)$ berechnen, durch 1 Volt teilen. Betrag und Phase der entsprechenden komplexen Zahl ermitteln. Der Betrag ist identisch mit $A(\omega_n)$, die Phase ist identisch mit $\varphi(\omega_n)$

$A(\omega_n)$ und $\varphi(\omega_n)$ plotten

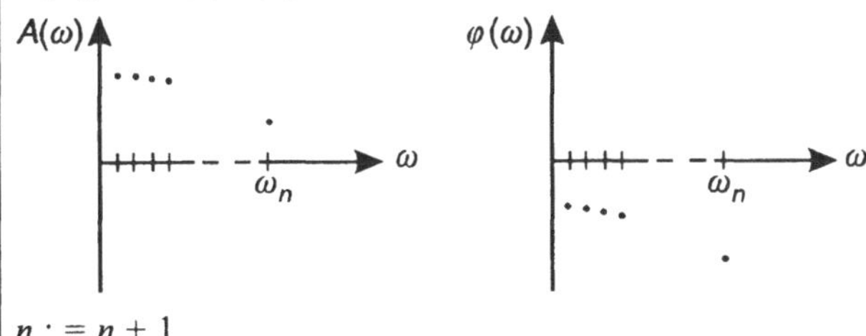

$n := n + 1$

</td></tr>
<tr><td>

Wiederholen, solange $n \leq S$ gilt

</td></tr>
</table>

Unterprogramm „Vorbereitung der Frequenzganganalyse":

<table>
<tr><td>

Arbeitspunkte berechnen, Kennlinien linearisieren:

- Newton-Verfahren gemäß Abschnitt 5.4 unter Zugrundelegung der Verbindungsliste II (entspricht dem Gleichstrom-Ersatzschaltbild der ursprünglichen Schaltung) durchführen

- Das im Newton-Verfahren integrierte Knotenpotentialverfahren muß in der erweiterten Form gemäß Abschnitt 8.4 durchgeführt werden, um die in den Transistor-Modellen enthaltenen gesteuerten Stromquellen zu berücksichtigen

  Wenn Verbindungsliste II Operationsverstärker-Modelle enthält, muß das Knotenpotentialverfahren auch noch in der erweiterten Form gemäß Abschnitt 7.4 durchgeführt werden

- Die im letzten Newton-Iterationsschritt zugrundegelegten, für den Arbeitspunkt A geltenden linearen Transistor-Modelle (G_{D1}^{A} // I_{D1}^{A}, G_{D2}^{A} // I_{D2}^{A}, ...) in Verbindungsliste II speichern

</td></tr>
<tr><td>

Lineares Wechselstrom-Ersatzschaltbild entwickeln:

- Die in der Verbindungsliste I enthaltenen Transistoren durch die in der Verbindungsliste II eingetragenen linearen Transistor-Modelle ersetzen

- Alle in der Verbindungsliste I enthaltenen Stromquellen entfernen

</td></tr>
</table>

Unterprogramm „Gesteuerte Stromquellen in den linearen Transistor-Modellen berücksichtigen":

Für alle in der Verbindungsliste I enthaltenen Transistoren (bzw. Transistor-Modelle) wiederholen

Knoten heraussuchen, an die der gerade in Betracht gezogene Transistor angebunden ist, z.B.:

Die Basis ist am Knoten B angebunden

Der Kollektor ist am Knoten C angebunden

Der Emitter ist am Knoten E angebunden

Wenn $B \neq 0$:

Koeffizienten $\underline{a}_{B,B}$ (Koeffizientenmatrix Zeile B / Spalte B) mit $-\alpha G_D^A$ beaufschlagen

$$\underline{a}_{B,B} := \underline{a}_{B,B} - \alpha G_D^A$$

Wenn $B \neq 0$ und $E \neq 0$:

Koeffizienten $\underline{a}_{B,E}$ (Koeffizientenmatrix Zeile B / Spalte E) mit $+\alpha G_D^A$ beaufschlagen

$$\underline{a}_{B,E} := \underline{a}_{B,E} + \alpha G_D^A$$

Wenn $C \neq 0$ und $B \neq 0$:

Koeffizienten $\underline{a}_{C,B}$ (Koeffizientenmatrix Zeile C / Spalte B) mit $+\alpha G_D^A$ beaufschlagen

$$\underline{a}_{C,B} := \underline{a}_{C,B} + \alpha G_D^A$$

Wenn $C \neq 0$ und $E \neq 0$:

Koeffizienten $\underline{a}_{C,E}$ (Koeffizientenmatrix Zeile C / Spalte E) mit $-\alpha G_D^A$ beaufschlagen

$$\underline{a}_{C,E} := \underline{a}_{C,E} - \alpha G_D^A$$

9.7 Ergänzungen

Der erfahrene Leser hat sicherlich schon bemerkt, daß die in den vorangegangenen Abschnitten beschriebene Darstellungsform für den Betrags-Frequenzgang $A(\omega)$ und den Phasen-Frequenzgang $\varphi(\omega)$ nicht ganz praxisgerecht ist. Normalerweise wird nicht einfach $A(\omega)$ sondern $20\lg A(\omega)$ (der entsprechende Zahlenwert wird bekanntlich mit der „Pseudo-Einheit" Dezibel versehen) über der Frequenzachse aufgetragen. Außerdem werden Betrags- und Phasen-Frequenzgang oftmals auch noch in Abhängigkeit einer normierten Kreisfrequenz $\Omega = \omega/\omega_{Bezug}$ dargestellt. Dabei stellt ω_{Bezug} eine Bezugskreisfrequenz, z.B. die Kreisfrequenz ab der ein Frequenzgang erstellt werden soll, dar. Darüberhinaus werden Betrags- und Phasen-Frequenzgang meistens auch noch über dem dekadischen Logarithmus der normierten Kreisfrequenz Ω aufgetragen. Die Frequenzachsen werden dann mit den Werten von $\lg\Omega$ oder mit den entsprechenden Ω-Werten beschriftet.

Wenn Betrags- und Phasen-Frequenzgang in der oben angedeuteten Form (Angabe von Dezibel-Werten, normierte Kreisfrequenz, logarithmisch skalierte Frequenzachsen) dargestellt werden, spricht man von einem *Bodediagramm*. Diese Darstellungsform hat u.a. den Vorteil, daß sowohl stark unterschiedliche Betragswerte für den Betrags-Frequenzgang als auch große Frequenzbereiche in einem Diagramm übersichtlich dargestellt werden können.

In den vorangegangenen Abschnitten wurde schon mehrfach erwähnt, daß eine Frequenzganganalyse auf Grund der dabei anzuwendenden komplexen Rechnung zeitaufwendig ist. Um Rechenzeit zu sparen, sollte man deshalb die Anzahl der Stützpunkte für den Betrags- bzw. Phasen-Frequenzgang möglichst klein halten. Die Anzahl der Stützpunkte darf aber andererseits auch nicht zu gering sein, da dann die Gefahr besteht, daß bei der Erstellung der Diagramme charakteristische Frequenzbereiche (z.B. scharfe Resonanzspitzen) einfach übersprungen werden und somit unsichtbar bleiben.

Die Stützpunkte für den Betrags- bzw. Phasen-Frequenzgang werden normalerweise gleichmäßig auf der Frequenzachse verteilt. Man könnte sich aber auch eine andere, evtl. bessere Lösung vorstellen, bei der die Dichte der Stützpunkte (von einem mittleren Wert ausgehend) an die speziellen Verhältnisse im aktuellen Frequenzbereich angepaßt wird. D.h. man

– vergrößert die Stützpunktdichte, wenn die Steigung des Frequenzgangverlaufs eine stärkere Änderung erkennen läßt

– verkleinert die Stützpunktdichte, wenn die Steigung des Frequenzgangverlaufs keine oder nur eine geringe Änderung erkennen läßt

Mit einer solchen Vorgehensweise können einerseits Stützpunkte gespart werden, andererseits wird die Gefahr des Überspringens charakteristischer Frequenzbereiche vermindert.

10 Ausblick

Mit Hilfe der in den vorangegangenen Abschnitten beschriebenen Methoden und Verfahren können Spannungen und Ströme in linearen und nichtlinearen elektronischen Schaltungen in Abhängigkeit von der Zeit berechnet werden. Darüberhinaus wurde gezeigt, daß auch Untersuchungen im Frequenzbereich durchgeführt werden können.

Allerdings sind, wie mehrfach erwähnt, die im vorliegenden Buch verwendeten Bauelemente-Ersatzschaltbilder und Modelle aus Verständnisgründen recht einfach gehalten. Außerdem sind nicht alle wichtigen Bauelemente in Betracht gezogen worden. In professionellen Simulationsprogrammen, z.B. PSpice, sind sehr detaillierte Modelle für nahezu alle Bauelemente enthalten. Einzelheiten dazu kann der umfangreichen Literatur, z.B. [18], entnommen werden.

Einige Aspekte, die bei realen Schaltungen eine Rolle spielen, sind im vorliegenden Buch überhaupt noch nicht erwähnt worden. So wurde z.B. die Temperaturabhängigkeit und das Rauschen von Bauelementen nicht berücksichtigt. Außerdem wurden Toleranzprobleme ignoriert. Ebenfalls nicht erwähnt wurden die Besonderheiten bei der Analyse und Simulation digitaler Schaltungen.

Im folgenden sollen diese Aspekte kurz aufgegriffen werden, um den Leser dieses Buches zu veranschaulichen, wie die beschriebenen Methoden und Verfahren ausgebaut und verfeinert werden können. Mit diesen „verfeinerten" Verfahren ergeben sich hochwertige Simulationsprogramme, die zu sehr realistischen Ergebnissen führen und viele Experimente ersparen.

Temperaturanalyse

Alle Bauelementewerte und -parameter sind in der Wirklichkeit mehr oder weniger von der Temperatur abhängig. Dieser Sachverhalt wurde bei unseren einführenden Betrachtungen nicht beachtet. Die Temperatur tauchte nur in der Diodengleichung (5.1-1) und im entsprechenden Dioden-Ersatzschaltbild auf, dort wurde die Temperaturspannung U_T eingeführt. Da wir aber stillschweigend immer von einer konstanten Raumtemperatur ausgegangen sind, wurde diese Spannung als konstant angenommen. Wegen der Temperaturabhängigkeit der Bauelemente sind selbstverständlich auch alle Spannungen, Ströme, Stromverstärkungsfaktoren usw. von Schaltungen temperaturabhängig. Wenn diese Abhängigkeit analysiert werden soll, müssen Bauelementemodelle Verwendung finden, die die Temperatur berücksichtigen.

In den meisten Analyse- und Simulationsprogrammen werden solche Modelle verwendet. Der Programmbenützer kann eine Temperatur vorgeben. In Abhängigkeit von dieser Temperatur werden dann beispielsweise die eingegebenen Widerstandswerte (Nennwerte, die für eine bestimmte Temperatur gültig sind) in Abhängigkeit von der Bauelementetechnologie (Kohleschicht-, Metallfilmwiderstände ...) korrigiert. Das Gleiche geschieht mit den temperaturabhängigen Parametern in den Modellen der Halbleiterbauelemente (Temperaturspannungen, Sperrströme, Diffusionsspannungen, Sperrschichtkapazitäten ...) usw.

Schaltungen, die solche Modelle enthalten, können mehrfach für verschiedene Temperaturwerte analysiert werden. Damit können Aussagen über die Temperaturabhängigkeit gewonnen werden.

Viele Analyse- bzw. Simulationsprogramme gestatten nur die Vorgabe einer einheitlichen Temperatur für sämtliche Bauelemente. Bei einigen anspruchsvolleren Programmen, z.B. bei PSpice Design Center ab Version 5.3, ist es möglich, gezielt jedem einzelnen Bauelement eine eigene Temperatur zuzuordnen.

Rauschanalyse

Alle realen Bauelemente haben neben der Temperaturabhängigkeit eine weitere, normalerweise unerwünschte Eigenschaft, die in den bisher behandelten Ersatzschaltbildern bzw. Modellen nicht berücksichtigt wurde. Elektronische Bauelemente „rauschen“, d.h. sie erzeugen breitbandige stochastische Signale, z.B. hervorgerufen durch thermisch bedingte Zufallsbewegungen freier Ladungsträger in Leitern. Der physikalische Hintergrund des Rauschens ist recht komplex, näheres ist z.B. [6] zu entnehmen.

Wegen des Rauschens der einzelnen Bauelemente sind selbstverständlich auch alle Spannungen und Ströme vollständiger elektronischer Schaltungen von einem Rauschen begleitet. Das Rauschen kann besonders bei Kleinsignal-Verstärkern sehr problematisch werden, da dort die Amplituden der zu verarbeitenden Signale in der Größenordnung der Amplituden der Rauschsignale liegen können. Das Nutzsignal kann dadurch sehr stark gestört werden oder sogar im Rauschen „untergehen“.

Wenn das Rauschverhalten bei einer Schaltungsanalyse mit berücksichtigt werden soll, müssen die Ersatzschaltbilder bzw. Modelle der verwendeten Bauelemente mit Rauschquellen versehen werden. In gängigen Simulationsprogrammen können Rauschanalysen durchgeführt werden.

Wie bereits erwähnt, sind Rauschanalysen besonders bei Kleinsignal-Anwendungen sinnvoll. In diesen Fällen können, wie in den Abschnitten 9.4 und 9.5 im Rahmen der Frequenzganganalyse von Kleinsignal-Transistorverstärkern dargestellt, lineare Modelle von Halbleiterbauelementen verwendet werden. In den erwähnten Abschnitten wird auch ausgeführt, daß die Ermittlung dieser Modelle Arbeitpunktberechnungen und Kennlinienlinearisierungen voraussetzt. Diese Berechnungen müssen deshalb auch in Simulationsprogrammen wie PSpice der eigentlichen Rauschanalyse vorangestellt werden. Die für die Analyse notwendigen Rauschquellen müssen selbstverständlich vor der Rauschanalyse in die linearen Ersatzschaltbilder bzw. Modelle der einzelnen Bauelemente eingefügt werden.

Toleranzanalyse

Häufig ist es wichtig zu wissen, wie sich die Abweichung eines bestimmten Bauelementewertes vom Nennwert aufgrund der Fertigungstoleranz auf das Ausgangssignal bzw. die „Zielgröße" einer Schaltung auswirkt. Derartige Untersuchungen, sogenannte Empfindlichkeitsanalysen, werden von den meisten Simulationsprogrammen, z.B. PSpice, unterstützt.

Größere Schaltungen bestehen aus vielen Bauelementen, deren Fertigungstoleranzen nicht miteinander korreliert sind. Häufig interessiert dann nicht nur die Abhängigkeit einer Schaltungsgröße von einem einzelnen Bauelementewert, es ist vielmehr interessant zu wissen, wie sich die Toleranzen aller Bauelemente im ungünstigsten Fall auf die Zielgröße der Schaltung auswirken können. Die Bestimmung der Maximalabweichung der Zielgröße vom „idealen" Wert wird als Worst-Case-Analyse bezeichnet. Die Durchführung einer solchen Analyse wird beispielsweise in [7] behandelt.

Die Worst-Case-Analyse liefert allerdings nur „Schlimmstfälle", die mit einer sehr geringen Wahrscheinlichkeit auftreten. Es ist im allgemeinen unwirtschaftlich, eine Schaltung nach dem Worst-Case-Verfahren zu dimensionieren. Interessanter ist eine sogenannte Monte-Carlo-Analyse, mit deren Hilfe man ermitteln kann, mit welcher Wahrscheinlichkeit die Zielgröße einer Schaltung bestimmte Werte aufweist bzw. mit welcher Wahrscheinlichkeit diese Größe innerhalb eines vorgegebenen Bereichs liegt.

Der Monte-Carlo-Analyse liegt ein denkbar einfaches Verfahren zugrunde. Es besteht darin, daß man den einzelnen Bauelementen einer Schaltung (bzw. den Parametern der entsprechenden Modelle) immer wieder neue zufällige Werte innerhalb ihres Toleranzbereichs zuordnet und die Schaltung dann jedesmal einer Analyse (wie in den vorangegangenen Abschnitten beschrieben) unterzieht. Wenn man diese Prozedur oft genug wiederholt, kann man erkennen, mit welcher Wahrscheinlichkeit die Zielgröße der Schaltung innerhalb eines vorgegebenen Bereichs liegt.

Die Ermittlung von Zufallswerten für Bauelemente und Parameter ist einfach. In nahezu jeder Programmiersprache existieren Befehle, mit deren Hilfe gleichverteilte Zufallszahlen in bestimmten Wertebereichen erzeugt werden können. Mittels einfacher Rechenoperationen können daraus Zufallszahlen mit anderen Verteilungen (z.B. Gauß-Verteilungen) gewonnen werden. Näheres dazu kann wieder [7] entnommen werden.

Eine Monte-Carlo-Analyse ist in vielen Simulationsprogrammen, u.a. auch in PSpice, implementiert. Eine derartige Analyse dauert allerdings recht lange, da viele Durchläufe notwendig sind, um Rückschlüsse auf die statistische Verteilung der Zielgröße zu gewinnen.

Analyse digitaler Schaltungen

Im vorliegenden Buch wurde bisher nur die Analyse bzw. Simulation analoger Schaltungen behandelt. Mit Hilfe der beschriebenen Methoden und Verfahren können prinzipiell aber auch digitale Schaltungen untersucht werden. Voraussetzung dafür ist allerdings, daß alle in den Schaltungen vorkommenden digitalen Schaltkreise (Gatter, Zähler, ...) durch ihre jeweiligen „inneren" Schaltungen (die ja aus Widerständen, Transistoren usw. bestehen) ersetzt werden. Die auf diese Weise entstehenden Schaltungen können recht umfangreich werden, die Berechnung wird zeitaufwendig. Die Ergebnisse einer solchen Analyse können aber sehr realistisch sein.

Schneller und einfacher können digitale Schaltungen mit speziellen Analyseverfahren, die auf der Booleschen Algebra beruhen, untersucht werden. Dabei macht man sich zunutze, daß bei der Behandlung digitaler Schaltungen nur zwei Signalzustände („low", „high") vorkommen und daß die digitalen Schaltkreise durch ganz einfache Modelle in Form von Wahrheitstabellen beschrieben werden können.

In professionellen Analyseverfahren für Digitalschaltungen bzw. den entsprechenden Simulatoren werden neben den bereits erwähnten Signalzuständen „low" und „high" noch zusätzliche Signalzustände wie „undefiniert", „steigende Flanke", „fallende Flanke" usw. berücksichtigt. Ferner werden die Signallaufzeiten in den Schaltkreisen beachtet. Auch wenn diese Feinheiten berücksichtigt werden, sind die Analyseverfahren für Digitalschaltungen viel einfacher aufgebaut als die im vorliegenden Buch beschriebenen Analyseverfahren für Analogschaltungen. Weitere Hinweise zu Digitalsimulatoren können [12] entnommen werden.

In anspruchsvolleren Simulationsprogrammen, wie zum Beispiel den neueren
Versionen von PSpice, werden die im Buch beschriebenen Analyseverfahren für
Analogschaltungen mit den oben erwähnten Analyseverfahren für Digitalschaltungen kombiniert. Damit können Schaltungen mit analogen und digitalen Antei-
len untersucht werden. Der Simulator arbeitet dann im sogenannten *Analog-
Digital-Mixed-Modus*. Näheres dazu kann beispielsweise [18] entnommen werden.

Literatur

Allgemeine elektrotechnische Grundlagen, Knotenpotentialverfahren, Schaltungsberechnungen

[1]   Weißgerber, W.:
Elektrotechnik für Ingenieure, Band 1, Band 2 und Band 3
Vieweg Verlag, Braunschweig, Wiesbaden 1991

[2]   Führer, A., Heidemann, K., Nerreter, W.:
Grundgebiete der Elektrotechnik, Band 1 und Band 2
Carl Hanser Verlag, München, Wien 1986

[3]   Fricke, H., Vaske, P.:
Elektrische Netzwerke, Grundlagen der Elektrotechnik Teil 1
Teubner Verlag, Stuttgart 1982

[4]   Hoyer, K., Schnell, G.:
Einfache Ausgleichsvorgänge der Elektrotechnik
Vieweg Verlag, Braunschweig, Wiesbaden 1985

[5]   Tietze, U., Schenk, Ch.:
Halbleiter Schaltungstechnik
Springer-Verlag, Berlin, Heidelberg 1990

[6]   Bachmann, W.:
Signalanalyse, Grundlagen und mathematische Verfahren
Vieweg Verlag, Braunschweig, Wiesbaden 1992

Gesamtdarstellungen Schaltungsanalyse mit dem Rechner

[7]   Calahan, D.:
Rechnergestützter Schaltungsentwurf
Oldenbourg Verlag, München, Wien 1973

[8]   Nerreter, W.:
Berechnung elektrischer Schaltungen mit dem Personal Computer
Carl Hanser Verlag, München, Wien 1990

[9]   Mellert, F.:
       Rechnergestützter Entwurf elektrischer Schaltungen
       Eine Einführung in die Methoden der Analyse und Optimierung
       elektrischer Netzwerke
       Oldenbourg Verlag, München, Wien 1981

[10]   Schwarz, R.:
       Analyse nichtlinearer Netzwerke
       Oldenbourg Verlag, München, Wien 1989

[11]   Elscher, H., Möschwitzer, A., Reibiger, A.:
       Rechnergestützte Analyse in der Elektrotechnik
       Dr. Alfred Hüthig Verlag, Heidelberg 1977

[12]   Christiansen, P.:
       Rechnergestütztes Entwickeln integrierter Schaltungen
       Vogel Buchverlag, Würzburg 1989

[13]   Mende, U.:
       Netzwerkanalyse mit Mason-Graphen
       Verlag Technik, Berlin 1987

[14]   Breitenecker, F., Ecker, H., Bausch-Gall, I.:
       Simulation mit ACSL
       Eine Einführung in die Modellbildung, numerische Methoden und
       Simulation
       Vieweg Verlag, Braunschweig, Wiesbaden 1993

Modellierung von Bauelementen

[15]   Caroll, J. E.:
       Physical Models for Semiconductor Devices
       Verlag Edward Arnold, London 1974

[16]   Ebers, J. J., Moll, J. L.:
       Large-signal behavior of junction transistors
       Proceedings IRE, Vol. 42, 1954, pp. 1761-1772

[17]   Gummel, H. K., Poon, H. C.:
       An integral charge control model of bipolar transistors
       Bell Syst. Techn. journal, Vol. 49, 1970, pp. 827-852

Simulationsprogramm PSpice, praktischer Umgang mit dem Programm, Analysearten, PSpice-Modelle

[18] Ehrhardt, D., Schulte, J.:
Simulieren mit PSPICE,
eine Einführung in die analoge und digitale Schaltkreissimulation
Vieweg Verlag, Braunschweig, Wiesbaden 1994

[19] Hoefer, E. E. E., Nielinger, H.:
SPICE, Analyseprogramm für elektrische Schaltungen
Springer-Verlag, Berlin, Heidelberg, New York 1985

[20] Müller, K. H.:
Elektronische Schaltungen und Systeme, simulieren, analysieren, optimieren mit SPICE
Vogel Buchverlag, Würzburg 1990

[21] Wangenheim, L.:
PC-Simulation elektronischer Grundschaltungen, Einstieg in den praktischen Umgang mit PSpice
Dr. Alfred Hüthig Verlag, Heidelberg 1993

[22] Duyan, H., Hahnloser, G., Traeger, D. H.:
PSpice, eine Einführung
Teubner Verlag, Stuttgart 1992

[23] Duyan, H., Hahnloser, G., Traeger, D. H.:
Design Center PSpice für Windows
Teubner Verlag, Stuttgart 1992

[24] Kühnel, K.:
Schaltungssimulation mit PSPICE
Franzis-Verlag, München 1993

[25] Kühnel, K.:
Schaltungsdesign mit PSPICE unter Windows
Franzis-Verlag, München 1994

[26] Justus, O.:
Berechnung linearer und nichtlinearer Netzwerke mit PSpice – Beispiele
Fachbuchverlag Leipzig, Leipzig, Köln 1994

[27] Pfeiffer, W.:
Simulation von Meßschaltungen, praktische Beispiele mit PSPICE berechnen
Springer-Verlag, Berlin, Heidelberg, New York 1994

[28] Kleinöder, R.:
Einführung in die Netzwerkanalyse mit SPICE
Teubner Verlag, Stuttgart 1993

Sachwortverzeichnis